Hair Styling
아이론테크닉

HAIR STYLING IRON TECHNIC
Hair Styling
아이론테크닉
문금순
YEAMOONSA
예문사

Hair Styling

아이론테크닉

아름다운 외모란 사람의 감성을 자극하는 주요 인자이자 인간의 삶에서 언제나 관심의 초점이 되어온 분야로서 그 시대의 문화를 나타내기도 한다.
시각적 이미지를 나타내는 외모는 한사람의 가치척도의 기준이 되기도 하며 사람을 기억하는 수단으로 작용하기도 한다. 따라서 현대 사회에서는 외모의 중요성이 더욱 강조되고 아름다운 외모란 사회에서의 강력한 경쟁력이 되기에 이르렀다. 이처럼 중요한 "아름다운 외모"에서 헤어스타일이 차지하는 비중은 매우 결정적이라 할 수 있다.

헤어스타일을 연출하는 방법은 커트, 펌, 염색을 비롯하여 up style에 이르기까지 다양하고 광범위하다. 그중 아이론의 테크닉은 헤어스타일 과정 중 마무리 작업에 해당한다.
커트가 잘 되었다고 해도 마무리 작업으로 드라이나 아이론 작업이 없다면 커트의 예술적 가치가 충분하게 표현되지 못할 것이다.

이 책은 헤어디자이너를 꿈꾸며 공부하는 학생들과 현장에서 일하면서 더욱 큰 발전을 원하는 미용인들에게 조금이나마 도움이 되기를 바라는 마음으로 총 16가지 스타일을 통하여 아이론의 다양한 기법을 보다 쉽게 익힐 수 있도록 사진과 함께 구성하였다.

작품을 끝내고 보니 미흡한 부분이 많은 것 같아 아쉬운 마음이 든다. 부족한 부분은 앞으로 더 보완해 나갈 것을 약속드리며 많은 미용인들의 애정 어린 관심을 기대해본다.

끝으로 책을 출간하기까지 도움을 주신 도서출판 예문사에 감사의 마음을 전한다.

문금순

아이론 실기 테크닉(Iron Technic)

IRON

TECHNIC

아이론 실기 테크닉 (Iron Technic)

1. 리버스 웨이브(Reverse wave)

⋯ 완성 작품

Right Side 완성 ⋯

⋯ Back 완성

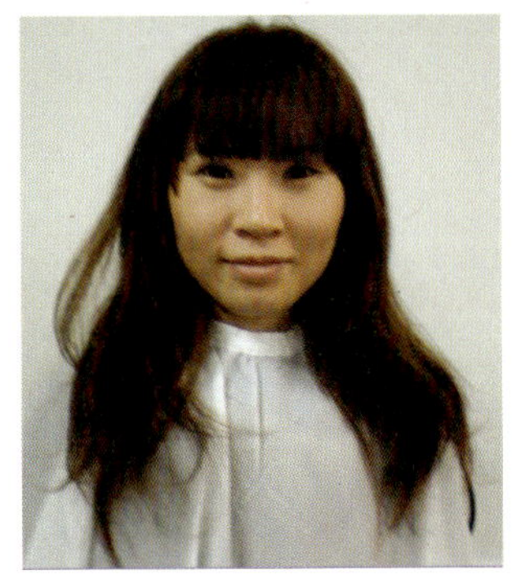 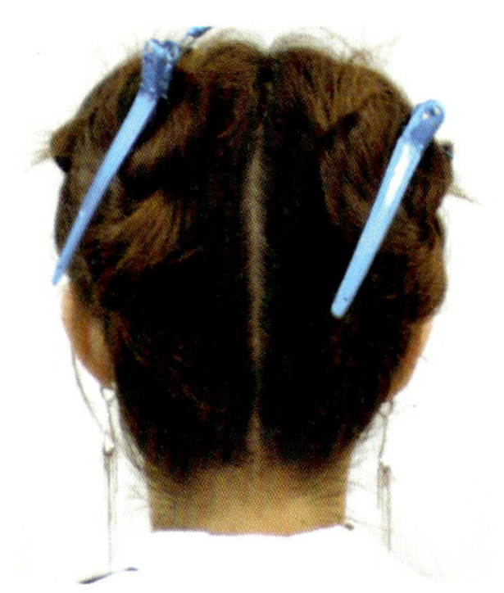

리버스 플랫 아이론 작업 전 모델 모습 & 브로킹

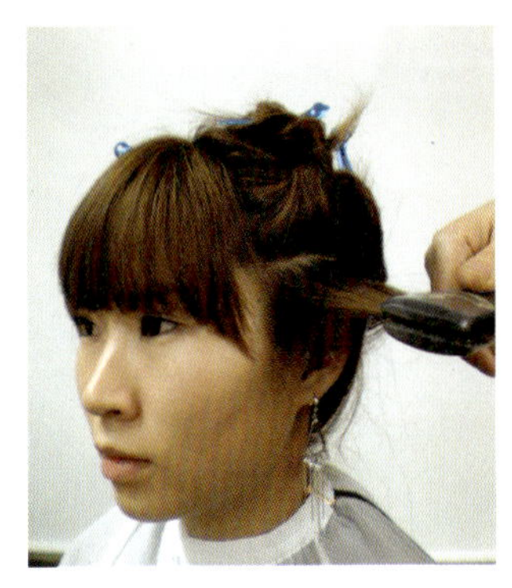 

플랫 아이론을 사용하여 모발의 결을 정리하고 1/2회전한다.

리버스 컬을 작업할 경우 모발 끝은 포워드 방향에 두고 모발을 앞쪽으로 당겨준다.

리버스컬 작업은 우측에서는 왼손으로 아이론을 잡고 작업하면 편리하다.

두발 끝은 포워드 방향에 두고 아이론은 1/2 회전한다.

아이론을 세워 뒤로 하고 다른 손으로는 모발을 포워드 방향으로 당겨준다.

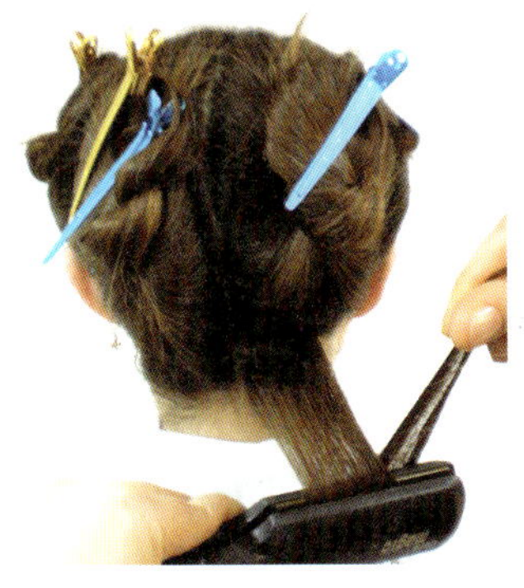

Center를 중심으로 우측과 좌측을 나누고 모발 끝은 포워드 방향에 있다.

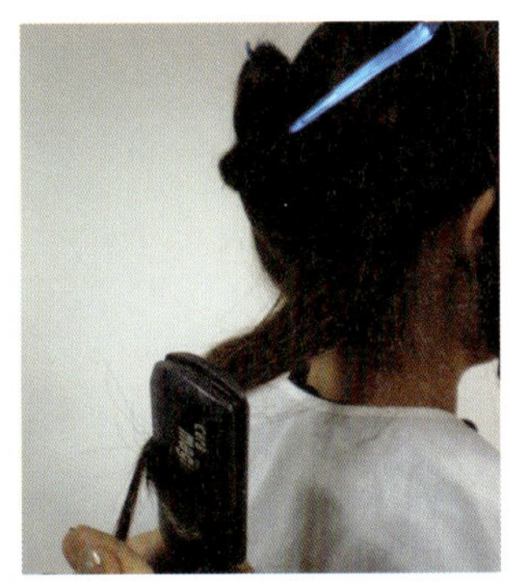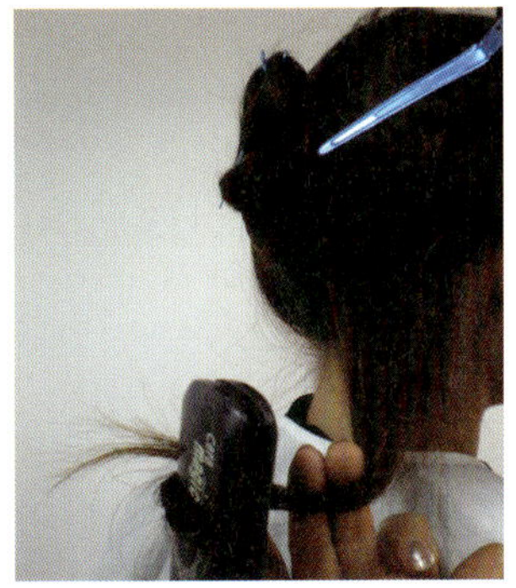

아이론을 회전하여 세우고 모발을 우측으로 당겨주어 모발의 흐름이 뒤로 가도록
한다.

컬이 완성되면 다양한 헤어스타일 연출이 가능하다.

Memo

REVERSE WAVE

Hair Style 아이론테크닉

2. 포워드 웨이브(Forward wave)

<... Front 완성

Left Side 완성 ...>

<... Right Side 완성

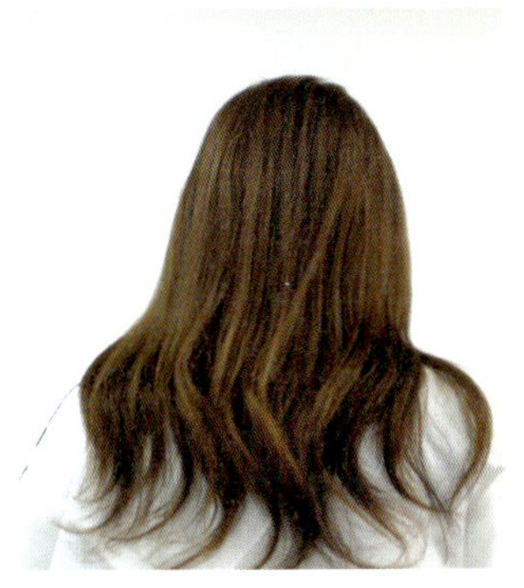 

웨이브 작업 전 모발을 스트레이트로 결을 먼저 정리한다.

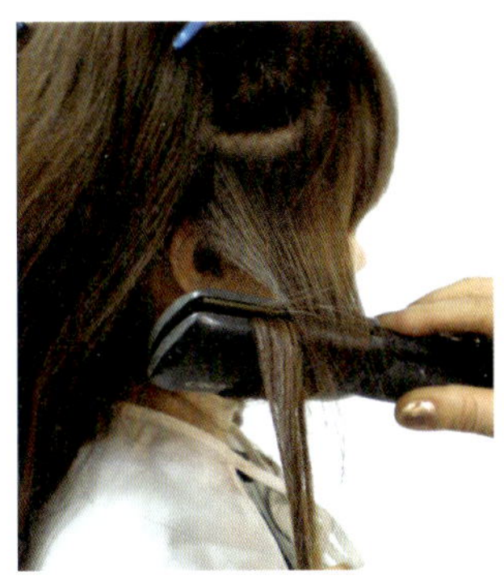 

아이론을 1/2 회전한 후 우측 방향으로 아이론을 회전시키며 모발에서 빠져 나
온다.

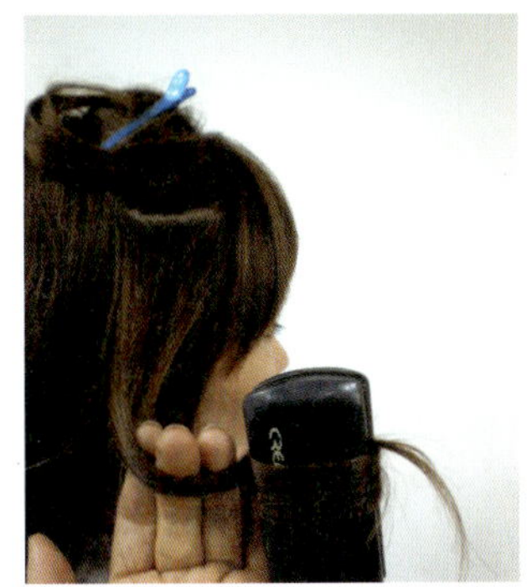 

아이론이 모발 끝에 도달했을 때 좌측 손을 이용하여 리버스 방향으로 당겨준다.

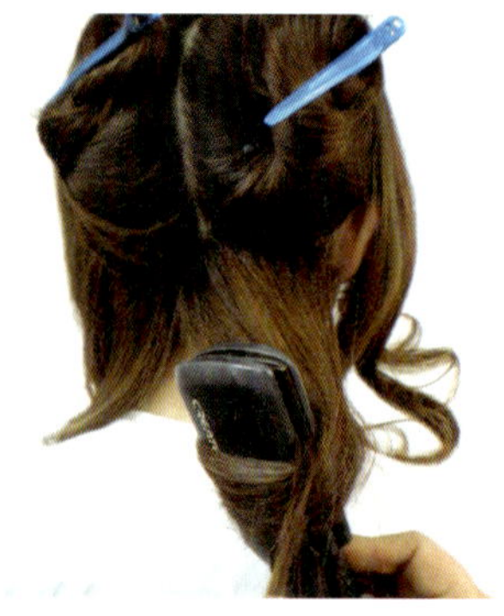 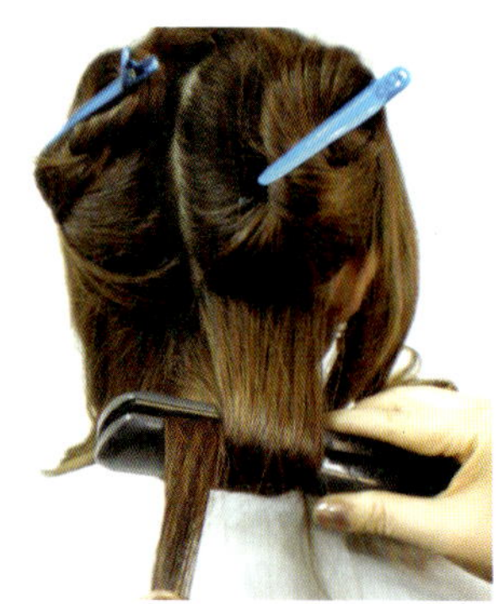

center를 기준으로 포워드 컬은 모발 끝이 리버스 방향에 있다.

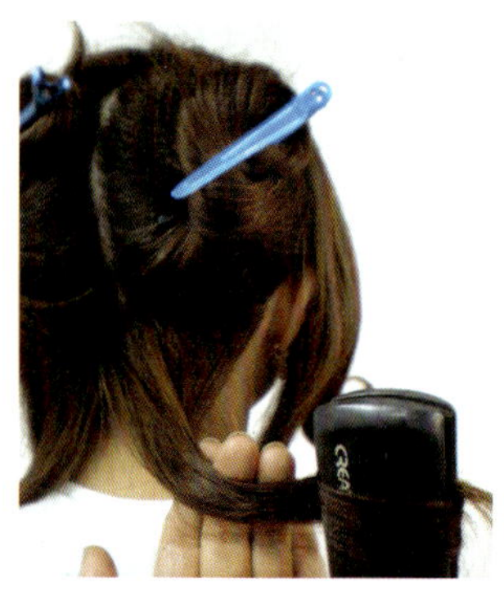 

우측 포워드 컬은 모발을 리버스 방향으로 당겨 웨이브 방향이 앞쪽으로 오도록
한다.

아이론을 1/2 회전한 좌측 side 포워드 컬 작업은 모발 끝이 리버스 방향에 있다.

아이론이 포워드 방향으로 회전하며 모발은 리버스 방향으로 당겨준다.

center를 기준으로 모발 끝이 리버스 방향으로 우측은 좌측에 좌측은 우측에 둔다.

아이론을 포워드 방향으로 회전하며 오른손은 리버스 방향으로 모발을 당겨준다.

Memo

FORWARD WAVE

3. 버티컬 웨이브(Vertical wave)

◂··· Back 완성

Right Side 완성 ···▸

◂··· Front 완성

원형 아이론으로 버티컬 작업 전 모습으로 브로킹 상태.

아이론을 사선으로 하고 리버스 방향으로 인 컬의 형태로 결을 정리한다.

아이론을 버티컬 형태로 하고 리버스 방향으로 1회전하여 천천히 모발 끝으로 진행한다.

사이드 작업이 끝나고 다음 단계에서도 컬이 움직일 방향으로 머리결을 펴준다.

아이론에 머리단을 1회전 한 후에 모발 끝으로 진행한다.

좌측이 끝나고 우측에서도 동일한 방법으로 reverse 방향으로 진행한다.

vertical 섹션으로 진행하며 아이론의 모양도 동일한 형태로 진행한다.

머릿결이 흩어지지 않도록 잘 정리가 된 상태로 작업을 진행한다.

마무리 될 때 까지 섹션의 크기, 아이론의 속도를 동일한 방법으로 유지한다.

Memo

4. 스파이럴 웨이브(Spiral wave)

⟵⋯ Front 완성

Side 완성 ⋯⟶

⟵⋯ Back 완성

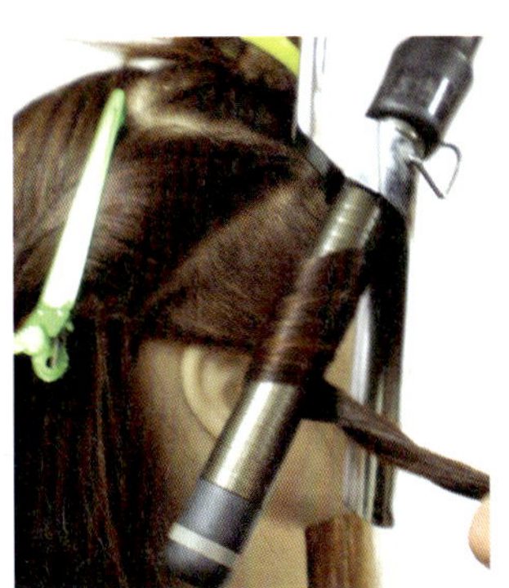

사선으로 브로킹하여 아이론의 프롱에 리버스 방향으로 모발을 감는다.

모발이 프롱에 감기면 그루브를 닫고 열을 준 후 아이론은 모발에서 빠져나온다.

컬의 형성을 위하여 손바닥으로 원형 그대로 잡고 열을 식힌 후에 놓는다.

 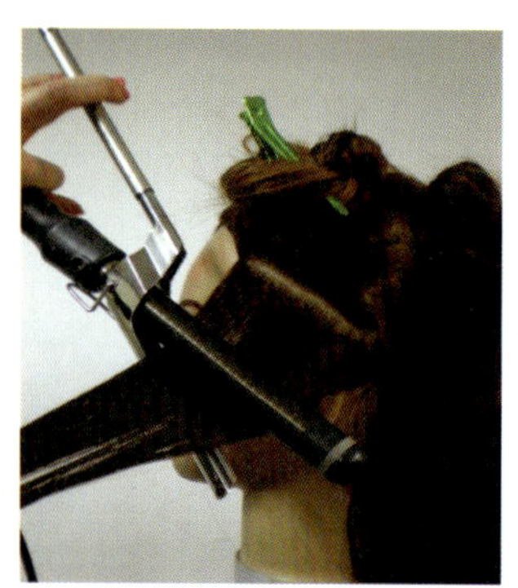

center를 기준으로 우측작업이 끝나면 좌측 사선 리버스 방향으로 아이론을 시작한다.

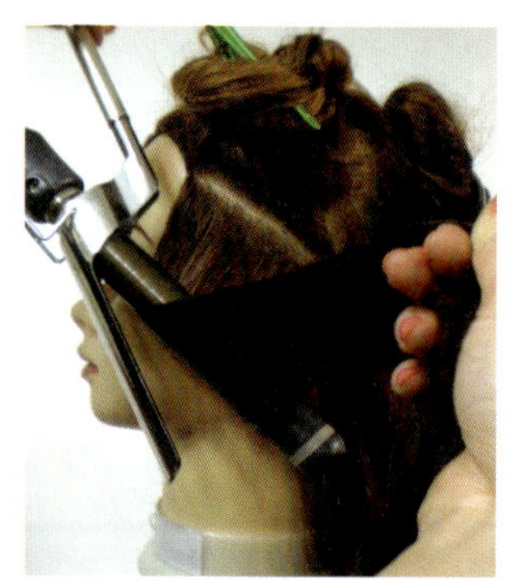 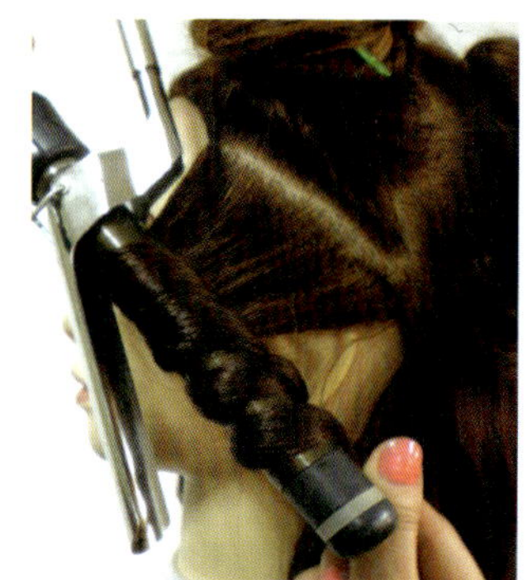

아이론 프롱에 리버스 방향으로 모발을 트위스트하여 감는다.

모발을 프롱에서 빼내어 손바닥 위에 놓고 강한 컬을 만들기 위하여 주먹을 쥐었다 편다.

 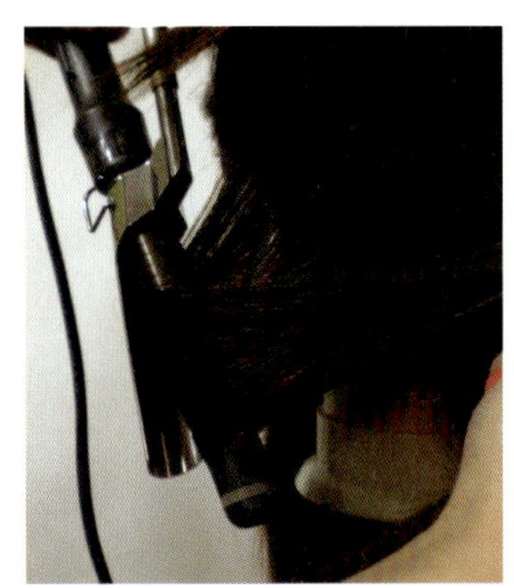

center를 기준으로 좌측은 사이드와 동일하게 사선 리버스 방향으로 시작한다.

 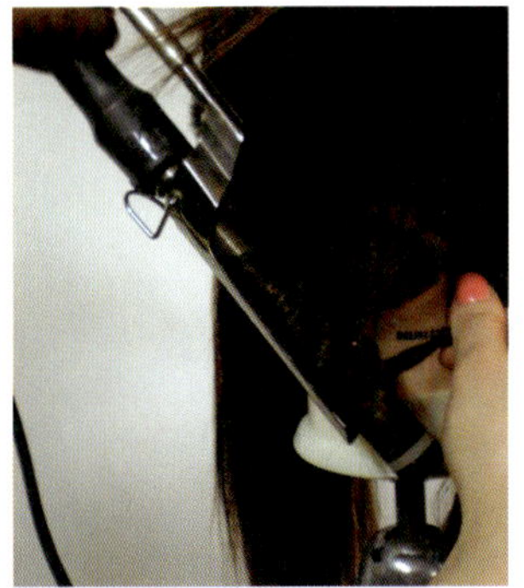

아이론 프롱에 모발을 감고 그루브를 닫아 3초 동안 열을 준다.

모발을 손바닥에 받아 주먹을 쥐어 컬을 강하게 만든다. 같은 방법으로 계속 진행한다.

Memo

SPLIAL WAVE

5. 물결 웨이브

← Front 완성

Back 완성 →

← Side 완성

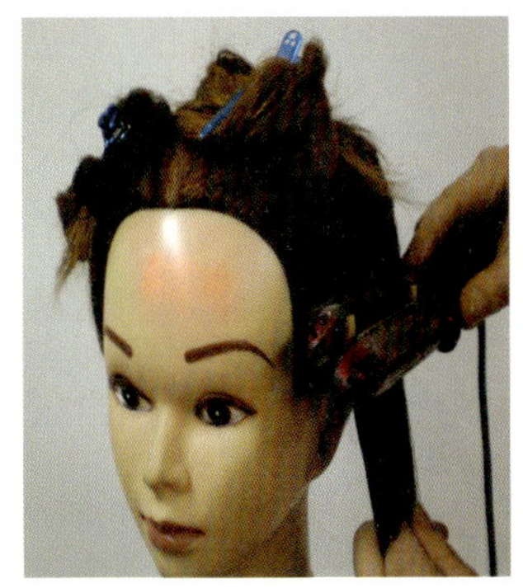 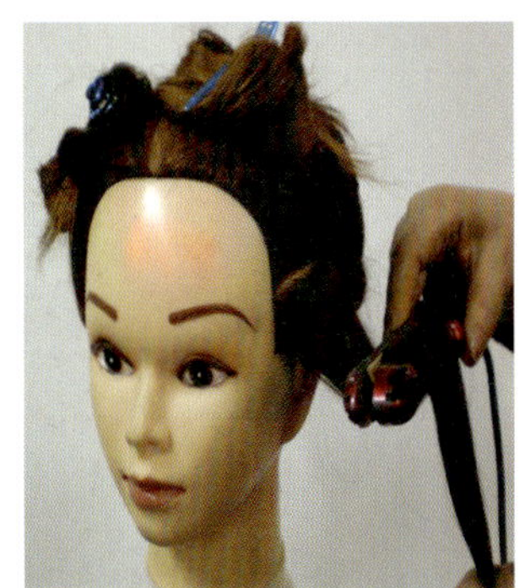

horizontal 섹션으로 반원 아이론을 사용하여 인 컬 아웃 컬 형식으로 교차한다.

한 패널에서 위와 같은 방법으로 반복한다.

 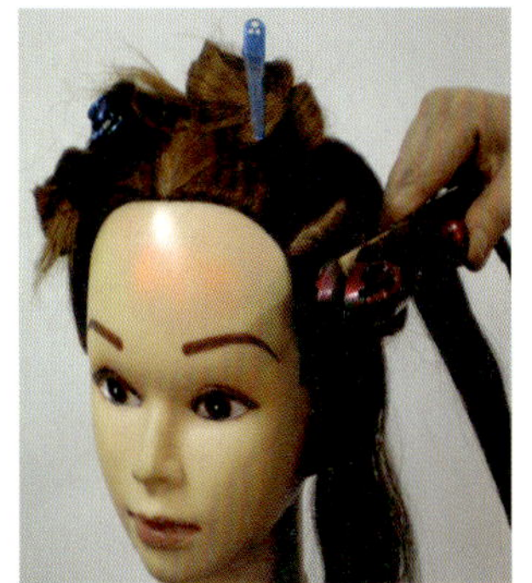

무늬의 크기와 간격을 텐션을 느슨하게 하여 작업하면서 확인한다.

두 번째 단에서는 아랫단 모양과 동일하게 오목과 볼록 무늬를 똑같이 한다.

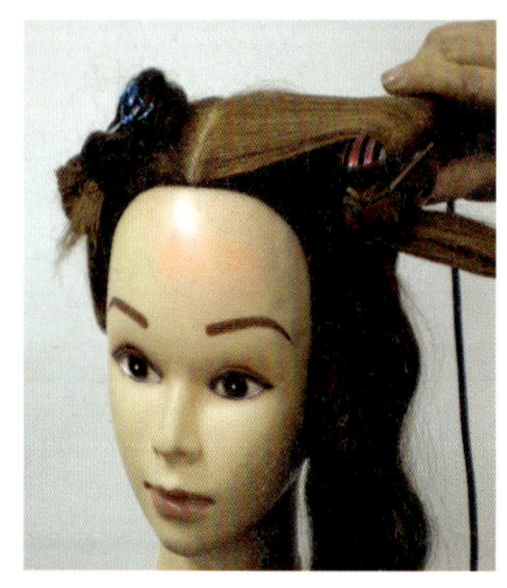

아랫단 무늬와 동일하게 하기 위하여 시작은 인컬도 아웃컬도 될 수 있다.

물결무늬를 확인하면서 작업한다.

무늬의 크기와 간격을 텐션을 느슨하게 하여 작업하면서 확인한다.

 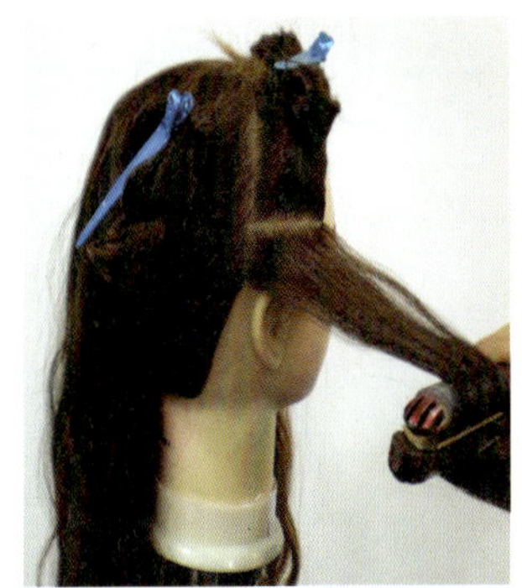

좌우 대칭이 되도록 물결무늬의 크기와 간격을 좌측과 동일하게 한다.

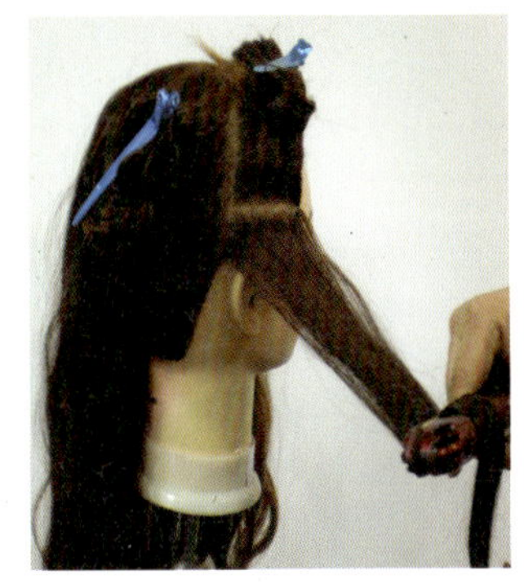 

위와 동일한 방법으로 좌측을 끝까지 마무리한다.

Memo

6. CC컬(Counter clock wise curl)

◀··· Front 완성

Side 완성 ···▶

◀··· Back 완성

 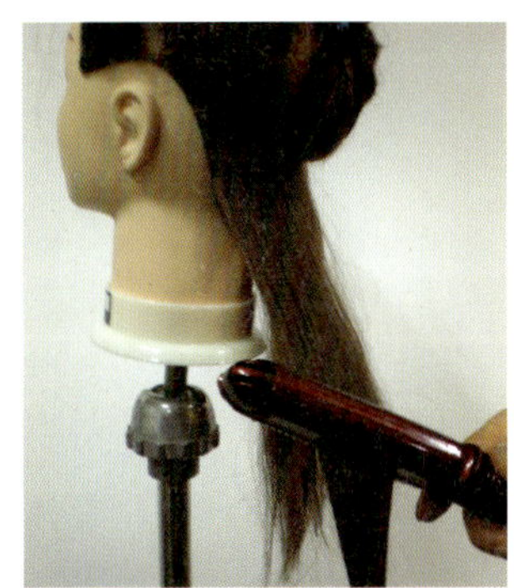

컬을 만들기 전에 아이론을 1/4 회전하여 모발을 정리한다.

 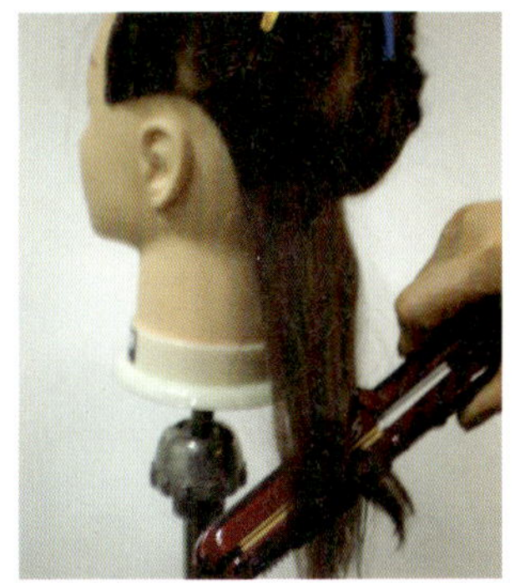

아이론을 사선으로 3/4 회전하여 원을 그리듯 아이론을 회전시킨다.

CC컬이 형성되고 컬의 고정을 위하여 모근에서 아이론을 1/4 회전하여 내려온다.

아이론을 뒤로 1/4 회전하여 리지를 고정시킨다.

좌측에서 뒷면과 동일한 방법으로 아이론을 3/4 회전하여 모발 끝이 우측에 오게 한다.

CC컬이 형성되고 컬의 고정을 위하여 두피 쪽에서 아이론을 1/4 회전하여 내려온다.

우측에서는 아이론이 사선방향으로 아래로 향하며 두발 끝은 좌측에 있다.

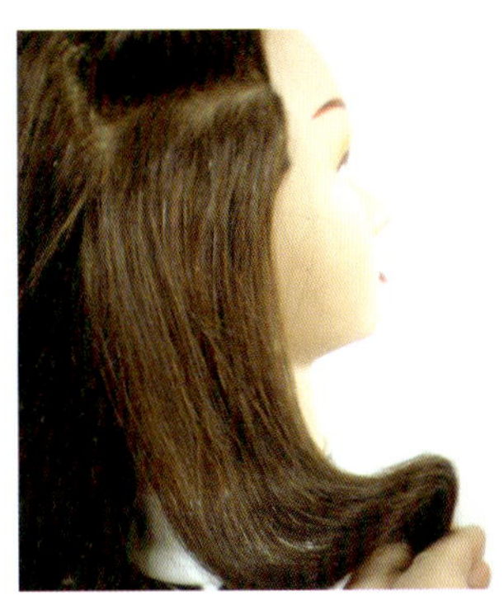 

리지 바로 전 단계에서 아이론을 뒤로 1/4 회전하여 리지를 고정시킨다.

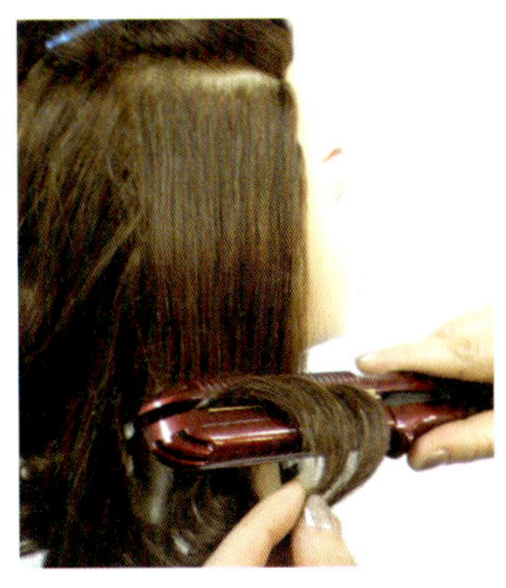 

리지를 고정시키기 위하여 모근에서 아이론을 1/4 회전하여 리지 전까지 다려준다.

Memo

COUNTER CLOCK WISE CURL

7. One length C컬(Clock wise wind curl)

←⋯　Front 완성

Side　완성　⋯→

←⋯　Back 완성

모발을 매끄럽게 정리한 다음 사선으로 아이론이 1/2 회전한다.

모선의 방향은 아이론 우측에 있으며 아이론은 반원 형태로 모발을 회전하여 나
온다.

모선에 컬이 생기며 두피 쪽에서 볼륨을 만들어 피벗 포인트 지점에서 멈춘다.

모발을 정리한 후 아이론이 1/2 회전한다. 모델의 좌측에서 모선의 방향은 좌측
이다.

아이론이 모발을 CC컬의 형태로 회전하며 빠져나온다. 두피 쪽에서 볼륨을 만든다.

사이드의 컬이 완성되었다.

 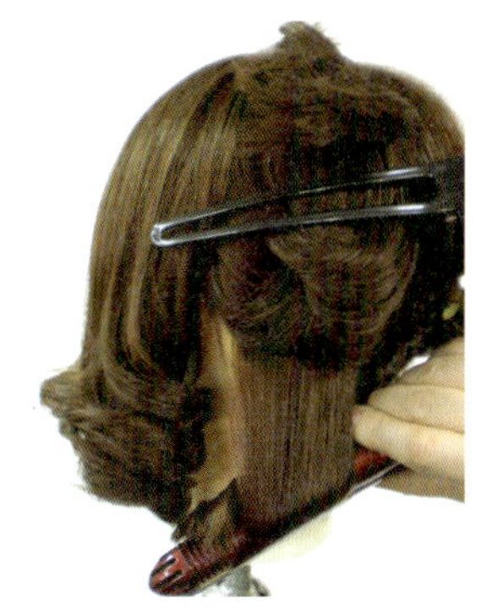

Center를 중심으로 좌측 방향은 사이드와 동일하게 작업한다.

아이론이 모발을 회전하며 빠져나온다.

 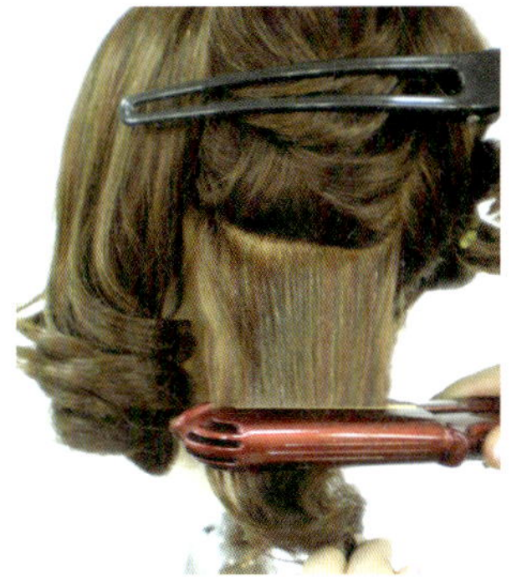

두피 쪽에서 볼륨을 주어 피벗 포인트에서 멈춘다. 동일한 방법으로 계속 진행한다.

Memo

CLOCK WISE WIND CURL

8. 포워드 컬(Forward curl)

‹⋯ Front 완성

Side 완성 ⋯›

‹⋯ Back 완성

모발의 결을 정리하고 아이론을 사선으로 하여 모선이 시술자의 우측에 오도록 한다.

아이론이 반원 형태로 회전한다.

두피 쪽에서 볼륨을 만들며 컬의 방향성을 부여한다.

side와 동일한 방법으로 결을 정리하고 아이론을 사선으로 하며 모선은 우측에 있다.

아이론이 반원 형태로 회전한다.

두피 쪽에서 볼륨을 만들며 컬의 방향성을 부여한다.

 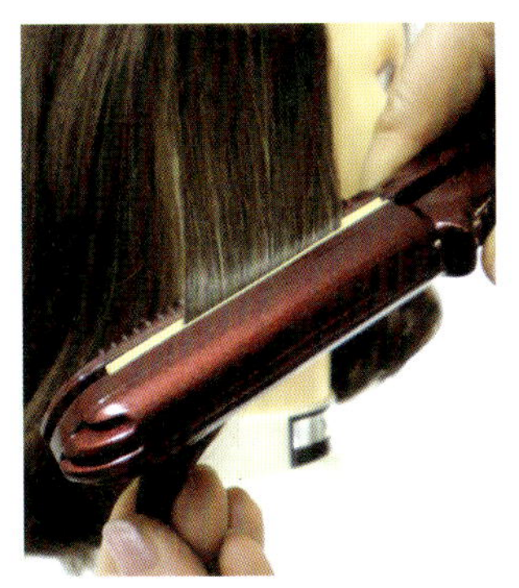

모선(모발 끝)의 위치는 컬의 방향과 반대에 있다.

얼굴 쪽으로 아이론이 회전한다.

두피 쪽에서 볼륨을 만들며 컬의 방향성을 부여한다. 같은 방법으로 계속 진행
한다.

Memo

FORWARD CURL

9. 리버스 컬(Reverse curl)

···→ Front 완성

Side 완성 ···→

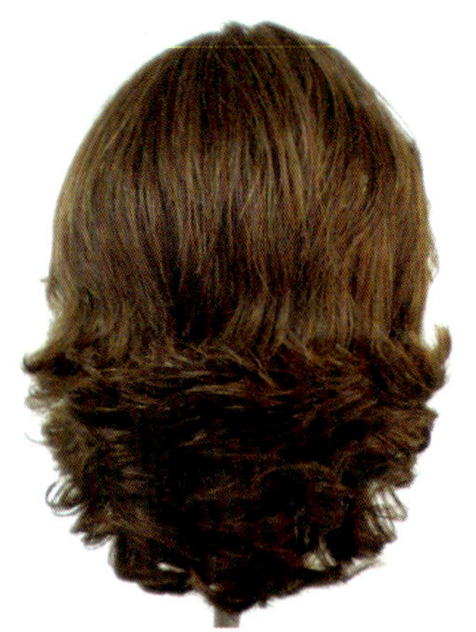

···→ Back 완성

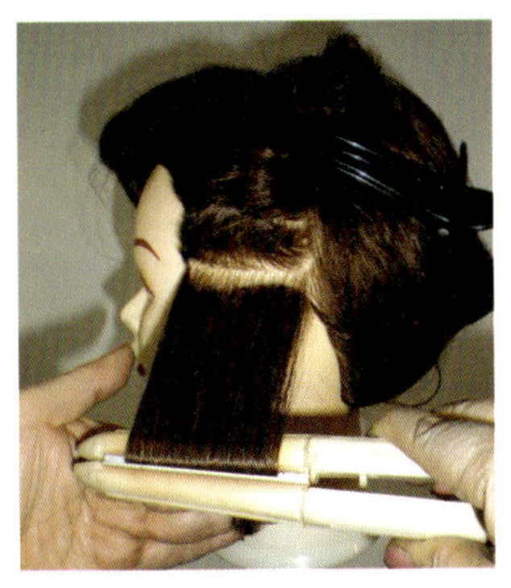 

컬을 만들기 전단계에서 모발을 아이론으로 정리한다. 사선으로 1/2 회전한다.

아이론은 컬의 방향을 따라 모발을 회전하여 모발에서 빠져나온다.

컬이 형성되면 두피 쪽에 볼륨을 주어 컬이 리버스 방향으로 가도록 한다.

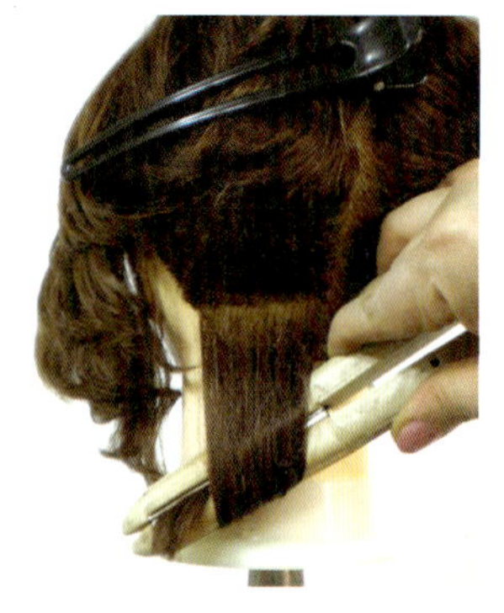

Side가 끝나면 Back side에서도 side와 동일한 방법으로 작업한다.

컬의 방향성을 부여하기 위하여 두피 쪽에서 볼륨을 주며 컬 전단계에서 멈춘다.

좌측이 완성되면 우측작업에서 모선방향은 포워드 방향으로 회전한다.

Side가 끝나고 Back side에서도 side와 동일한 방법으로 작업을 시작한다.

모발의 결을 정리하고 사선으로 아이론을 잡고 우측방향으로 회전한다.

컬이 형성되면 두피 쪽 볼륨으로 모선에 방향을 정한다. 같은 방법으로 계속 진행한다.

Memo

REVERSE CURL

10. S curl

←··· Front 완성

Side 완성 ···→

←··· Back 완성

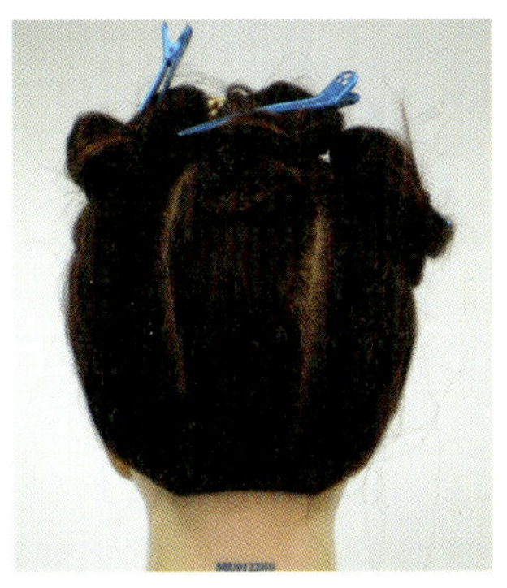

브로킹은 5등분으로 나누고 아이론을 3/4 회전한다.

아이론은 좌우로 움직이며 S자를 만든다.

S컬을 고정하기 위하여 리지 부분에 아이론을 1/4 back 회전한다.

위와 동일한 방법으로 작업한다.

웨이브가 선명하게 연출된 상태이다.

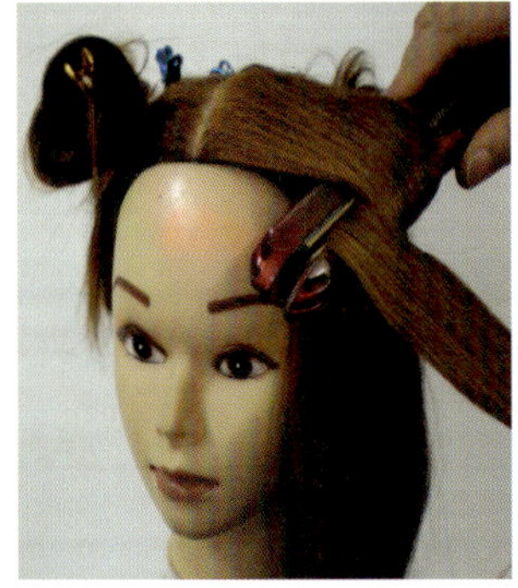 

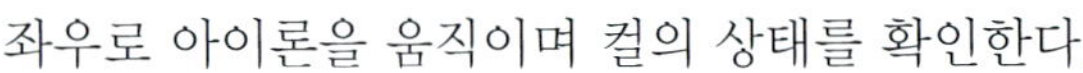

좌우로 아이론을 움직이며 컬의 상태를 확인한다.

아이론의 좌우 움직임을 이용하여 웨이브의 크기는 조절할 수 있다.

커브의 형태에 따라 아이론의 기울기가 변한다.

좌측과 동일한 방법으로 전체를 완성한다.

Memo

11. 인 컬(In curl)

←··· Back 완성

Front 완성 ···→ 

←··· Side 완성

모발 끝까지 모발의 결을 정리한 후에 모발 끝 7㎝ 지점에서 아이론을 1/4 회전한다.

1/4 회전하여 1~2초 동안 열을 준 후에 모발 끝 쪽으로는 모발을 펴준다.

좌측 Back과 동일한 방법으로 1/4 회전하여 모발 끝 쪽으로는 모발을 펴준다.

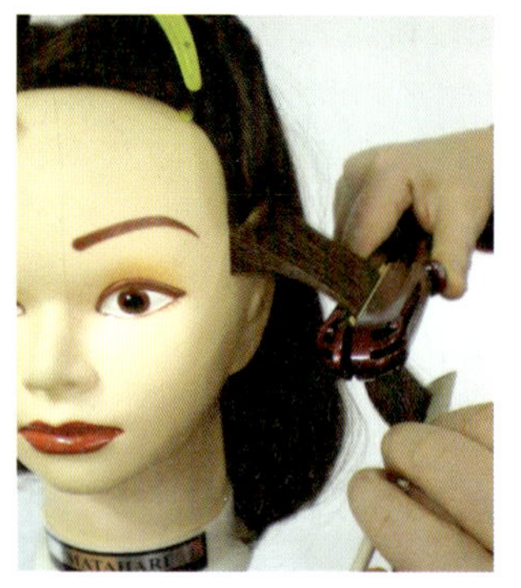 

모발의 결을 정리하기 위하여 두피 쪽에서 모발 끝까지 먼저 펴주는 작업을 한다.

꼬리빗이 모발에 닿는 부분 모발 끝 7㎝ 지점에서 아이론을1/4 회전한다.

모발 끝 쪽으로는 아이론의 회전각도를 $0°$ 로 하여 모발을 펴준다.

우측 Side에서도 두피 쪽에서 모발 끝까지 아이론으로 모발을 정리하고 펴준다.

꼬리빗이 모발에 닿는 부분 모발 끝 7㎝ 지점에서 아이론을 1/4 회전한다.

모발 끝 쪽으로는 아이론의 회전각도를 0°로 하여 모발을 펴준다.

Memo

12. 아웃 컬(Out curl)

⟵⋯ Side 완성

Back 완성 ⋯⟶

⟵⋯ Front 완성

두피 쪽에서 모발 끝으로 아이론으로 모발을 펴준다.

모발 끝에서 안으로 7㎝ 지점에서 아이론을 뒤집어 잡고 모발 끝이 위로 향하게
한다.

강한 아웃컬을 원할 때는 아이론의 속도를 천천히 하여 컬의 형태를 조절할 수
있다.

섹션의 폭을 조절하여 좌우 동일한 방법으로 작업한다.

Back에서 작업이 끝나면 Side로 진행한다.

아웃컬을 원하는 위치에 아이론의 그루브가 아래로 향하게 하여 모발 끝이 위로
가게 한다.

좌측이 완성되면 우측 작업을 시작한다.

좌측의 컬과 대칭이 되도록 아이론의 온도, 속도, 그 외 변인요소들을 같게 한다.

좌측과 동일한 방법으로 끝까지 작업을 마무리한다.

Memo

13. 리버스 아웃컬(Reverse Out curl)

← Front 완성

Side 완성 ⋯→

← Back 완성

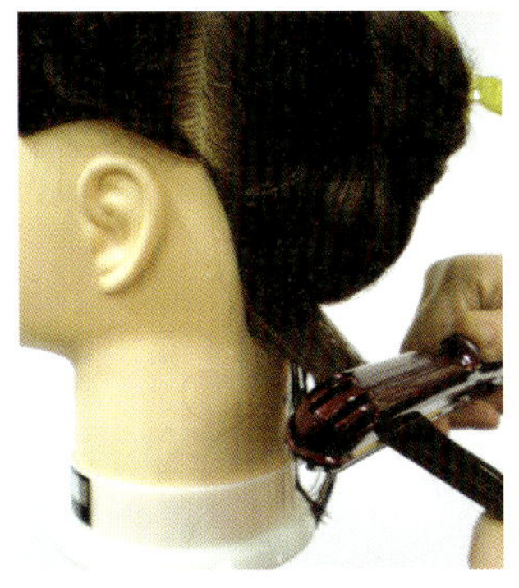
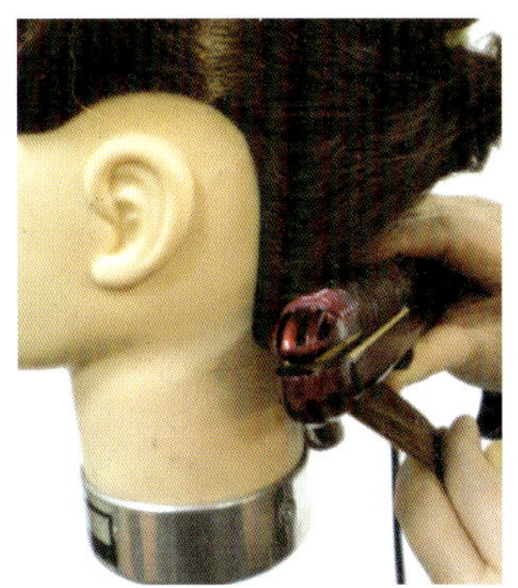

모발 끝이 바깥으로 향하는 스타일로 C컬보다 작은 컬로 일명 바람머리 스타일
이다.

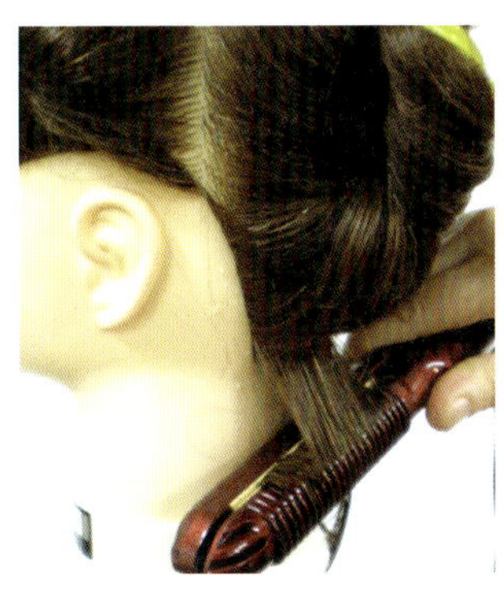
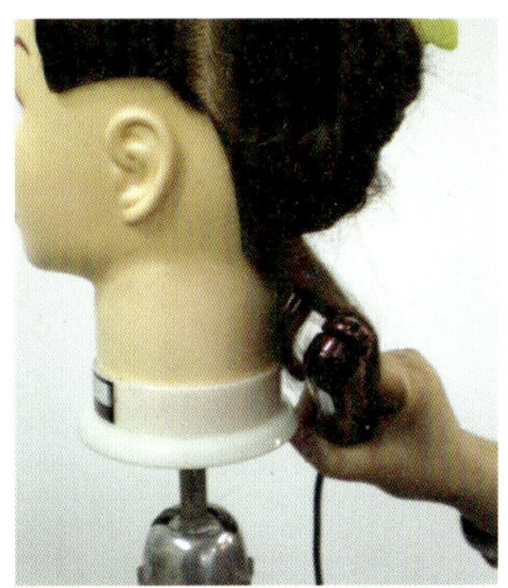

모발을 아이론에 1/3 회전하여 모발 끝이 밖으로 향하도록 아이론을 뒤로 회전한다.

두피 쪽에 포워드 방향으로 볼륨을 주어 모발의 방향을 리버스 방향으로 가게 한다.

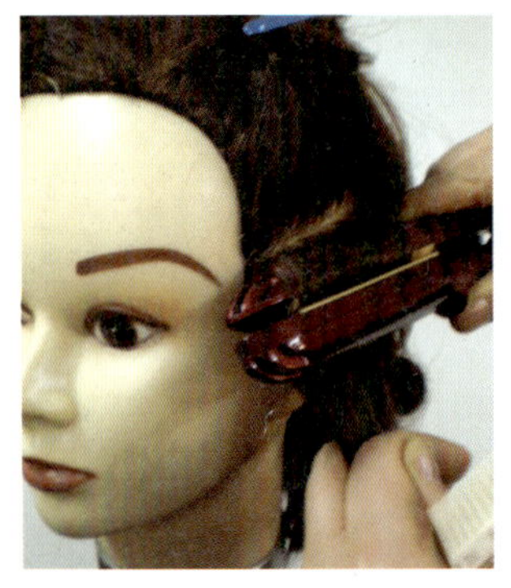 

두피 쪽에 볼륨을 만들면 모발 끝이 낮게 되어 컬이 안정감을 주게 된다.

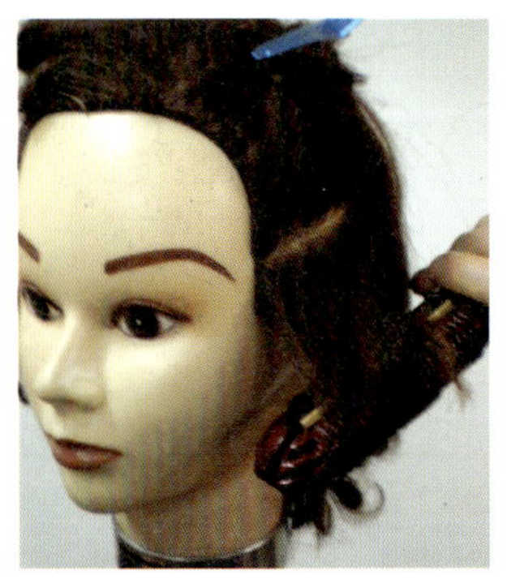 

1/3 회전한 아이론은 포워드 방향으로 밀어주고 모발 끝이 밖으로 가도록 뒤로 회전한다.

두피 쪽 모발을 포워드 방향으로 밀듯이 볼륨을 만들면 모발 끝이 리버스 방향이 된다.

두피 쪽에 볼륨을 형성하여 모발 끝이 안정하게 스타일이 표현되도록 한다.

아이론이 포워드 방향으로 회전하여 리버스 방향으로 모발에서 빠져 나온다.

두피 쪽에 볼륨을 만들며 모발 끝을 뒤로 가게 한다. 같은 방법으로 끝까지 작업을
마무리한다.

Memo

14. 혼합형(포워드 & 리버스)

←··· Front 완성

Side 완성 ···→

←··· Back 완성

crest(크레스트)를 중심으로 피팅하여 윗부분은 리버스 방향, 아랫부분은 포워드
방향의 컬을 형성한다.

side에서 시작하여 back으로 진행한다. 다이애거널 파팅으로 포워드방향으로 작
업한다.

side의 완성이 끝나고 back으로 진행할 parting의 상태이다.

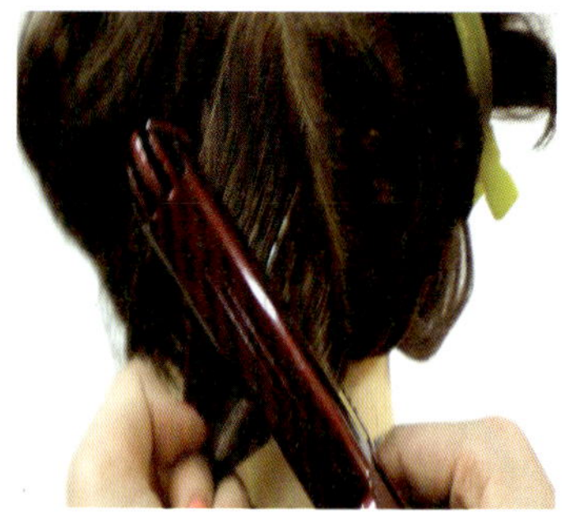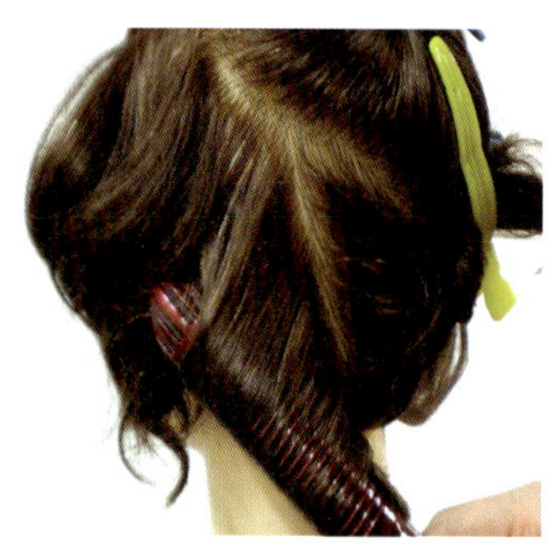

crest를 중심으로 아랫부분은 포워드 방향으로 컬이 형성된다.

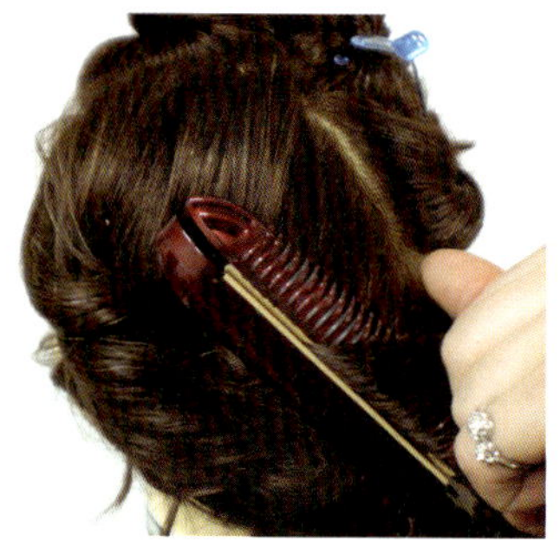

crest 아래의 포워드 방향 작업이 끝나고 위쪽의 리버스 방향의 작업을 시작한다.

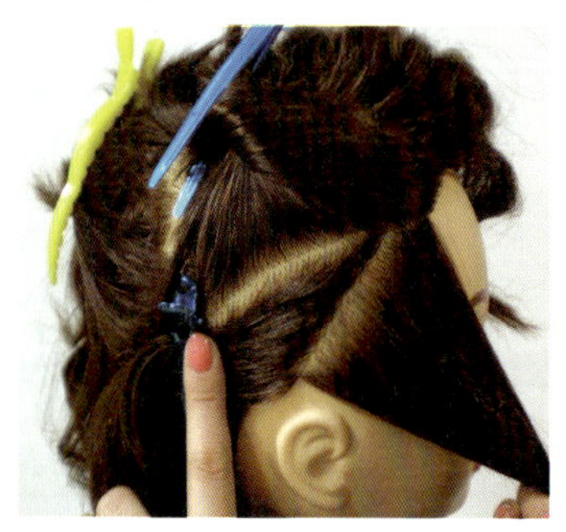

우측에서의 crest 아래의 포워드 작업을 시작한다.

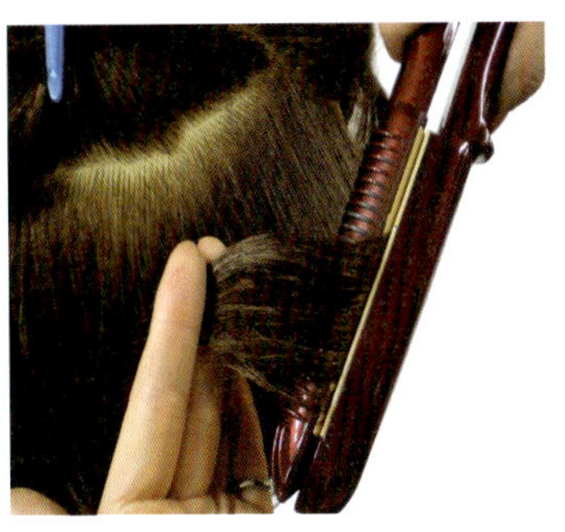
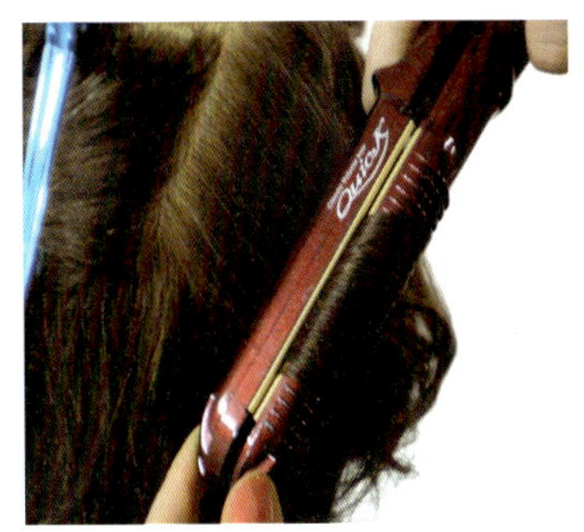

crest 아래의 포워드 작업이 끝나고 위쪽의 리버스 방향으로 작업을 시작한다.

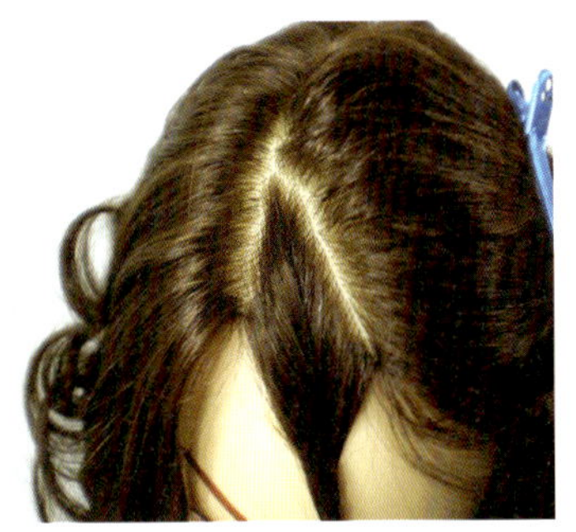

side parting의 앞머리는 사선으로 나누고 포워드방향으로 회전한다.

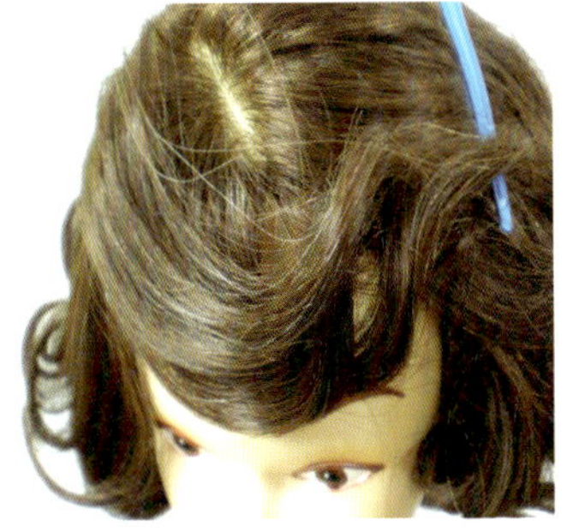

포워드방향으로 회전한 아이론은 뒤로 향하고 손가락으로 모발을 앞으로 당긴다.

Memo

15. 레이어 CC컬(Layer counter clock wise curl)

←·· Front 완성

Side 완성 ···→

←·· Back 완성

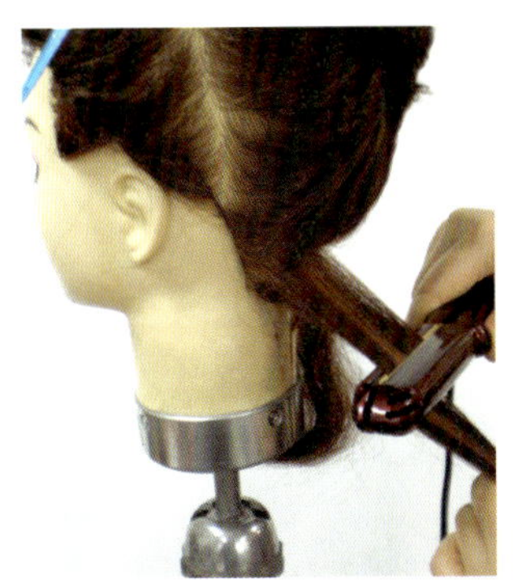

CC컬(시계반대방향)의 형태로 회전하는 작품을 연출하기 위하여 모발을 정리
한다.

모발 끝이 시술자의 우측으로 1/2회전하여 CC컬(시계반대방향)의 형태로 내려
온다.

아이론이 우측으로 반원의 곡선을 그리며 좌측으로 모발을 빠져나온다.
완성된 컬의 형태이다.(오른쪽 그림)

시술자의 좌측은 정면에서 볼 때 C컬로(시계방향) 회전하여야 우측과 형태가 동일하다.

모발 끝이 시술자의 좌측에 있으며 아이론은 우측으로 회전한다.

컬이 형성되면 두피 쪽에서부터 볼륨을 주어 컬의 방향을 C컬로(시계방향) 정한다.

CC컬(시계반대방향)의 형태로 회전하기 위하여 모발 끝이 우측에 있다.

모발 끝이 시술자의 우측에 있으며 아이론은 좌측으로 회전한다.

컬이 형성되면 두피 쪽에서부터 볼륨을 주어 컬 방향을 CC컬로(시계반대방향) 정한다.

Memo

LAYER COUNTER CLOCK WISE CURL

16. 물결 & C컬

‹··· Front 완성

Side 완성 ···›

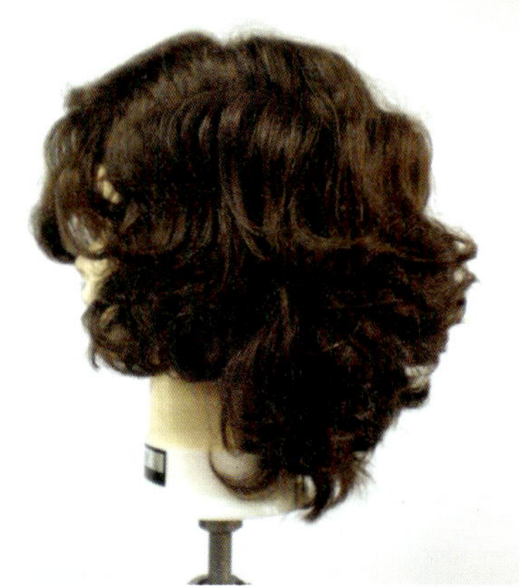

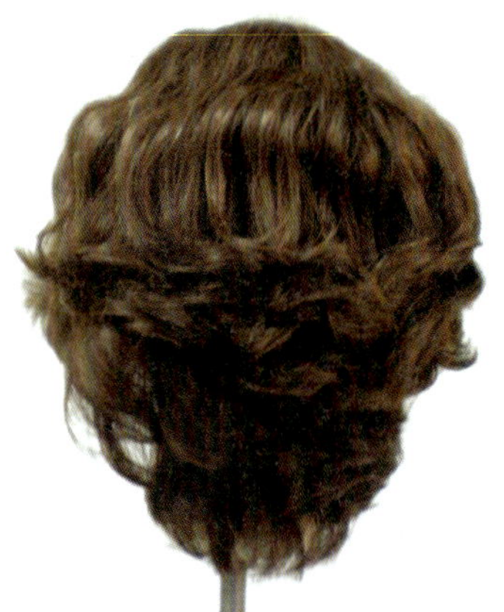

‹··· Back 완성

 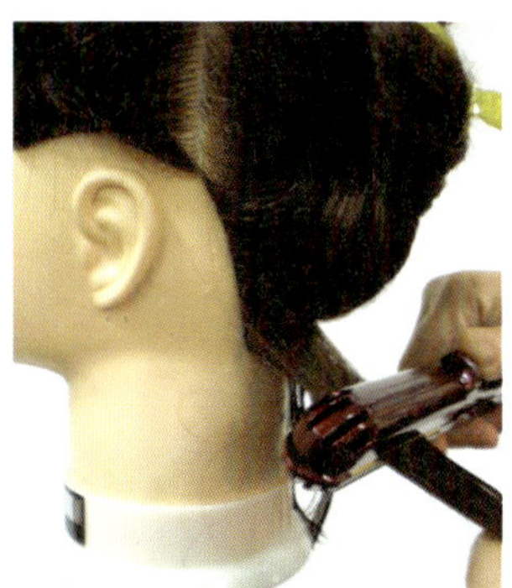

Side와 Back의 형태가 다른 혼합형의 작품으로 nape에서 시작하여 모발을 정리한다.

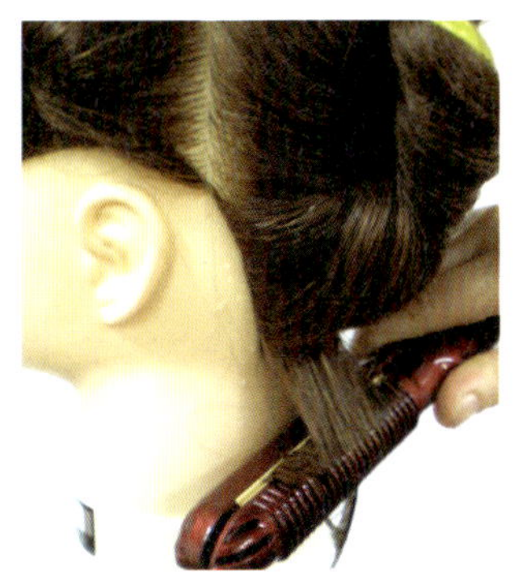 

모발을 1/2 회전하여 아이론은 컬의 방향을 따라 움직이며 모발에서 빠져나온다.

 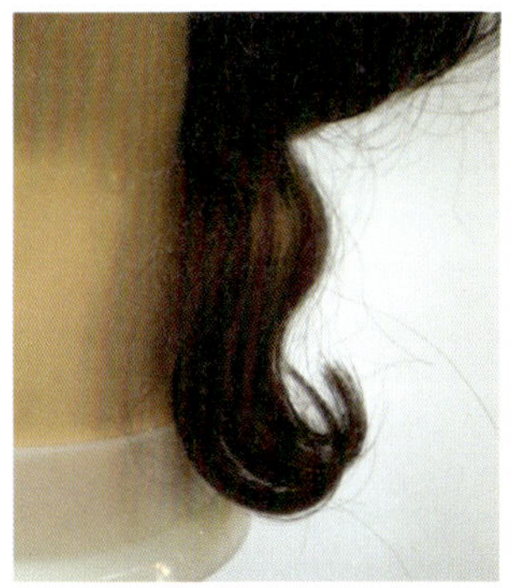

컬이 형성되면 두피 쪽에 볼륨을 주어 컬의 방향을 정한다. 같은 방법으로 위로 진행한다.

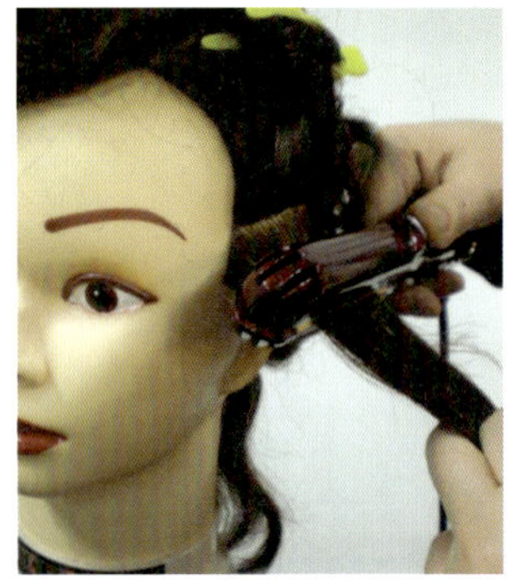 

Back과 side는 다른 형태의 디자인으로 작업을 시작한다. 두피 쪽에 볼륨을 준다.

두피 쪽 볼륨을 확인하고 아이론을 뒤로 회전하여 진행한다.

모발 끝부분은 안마름의 형태로 마무리한다. 같은 방법으로 위로 진행한다.

컬을 만들기 전단계에서 모발을 아이론으로 정리한다. 두피 쪽에 볼륨을 준다.

두피 쪽 볼륨을 확인하고 아이론을 뒤로 회전하여 진행한다.

모발 끝부분은 안 마름의 형태로 마무리한다. 같은 방법으로 위로 진행한다.

Memo

HAIR

SETTING

헤어 세팅(Hair Setting)

미용은 예술의 한분야로서 인간의 외모를 아름답게 가꾸는 제한적 소재를 대상으로 하는 미적 행위이다.

그 중 헤어스타일 연출로는 커트(Cut) 업스타일(Up style) 세팅스타일(Setting style) 등으로 구분된다.

헤어커트는 잘라 남기는 조각 같은 작업이며. 업스타일은 쌓고 붙이는 건축양식과도 같다.

세팅스타일은 헤어커트와 업스타일을 보완하는 양감 · 질감을 나타내는 작업으로 컬이나 웨이브 형태의 스타일을 연출할 수 있다.

세트(set)의 사전적 의미는 "자리 잡다. 넣다. 또는 도구의 한 벌"로 해석하지만 미용에서의 의미는 두발형을 만들어 마무리하는 의미가 있다.

세팅스타일(Setting style) 연출을 위한 헤어 세팅의 기초지식을 이해하고 완성작품을 위한 기술적 노력이 필요하다.

1. 아이론

1) 아이론의 역사

아이론은 열에 의해서 일시적으로 두발의 분자(分子)에 변화를 줌으로써 형성된 웨이브를 말한다. 프랑스의 미용 견습생인 마셀 끄라도(Marcel Crateau)가 그의 어머니 헤어스타일을 만들어주기 위하여 창안하여 서기 1875년에 발표하였다.

원형의 막대모양에 막대모양을 감싸주는 홈이 파인 형태의 철로 만든 기구를 불에 달구어 사용하였다.

이후 유명한 여배우 제인 하딩이 마셀아이론으로 웨이브를 만드는 헤어스타일을 하여 전 세계적으로 알려지게 되었다.

이후 다양한 기구들이 쉽고 편리하게 개발되었으며 현대에는 일정한 온도를 시술자가 조절하여 사용할 수 있는 전기아이론이 개발되어 다양한 아이론 헤어스타일 연출이 가능하게 되었다.

2) 아이론 사용법

① 적당한 온도(120°~140°)를 유지한다.
② 열에 대한 내성이 강한 빗을 사용한다.
③ 모발의 결의 흐름을 매끄럽게 유지한다.
④ 아이론은 웨이브의 방향에 따라 오른쪽, 왼쪽으로 움직인다.
⑤ 웨이브의 폭이 균등해야 하며 파상(樓)의 형태로 이어져 있어야 한다.
⑩ 모발에 열이 남아 있을 때 방향을 바꾸는 동작을 금지한다.

3) 아이론 작업에 영향을 주는 요인들

① 모발의 수분의 양
② 아이론의 온도
③ 아이론의 회전
④ 아이론 시술시 잡는 모량
⑤ 모발에 열을 가하는 시간

위의 요소들에 따라 아이론 작업으로 인한 모발에 형태와 탄력은 달라진다.

(1) 모발의 수분 양

모발의 수분은 열전도율을 높게 하여 아이론 온도를 높이는 효과가 있다.

따라서 모발에 수분이 있으면 아이론의 온도를 낮게 하고, 모발이 건조하면 온도를 높게 하여 시술한다.

아이론 퍼머넌트 시술에서 건강한 모발은 약간의 수분을 주어 작업하면 강한 곱슬머리의 경우 훨씬 용이 하게 아이론 작업을 할 수 있다.

손상모발은 건강모발보다 조금 더 건조하여 시술하면 모발의 손상을 줄일 수 있다.

(2) 아이론의 온도

다른 요인들의 동일한 조건하에 아이론의 온도는 웨이브의 탄력과 비례한다.

온도가 높을수록 탄력은 강해지며, 웨이브의 크기는 작게 형성된다. 또한 아이론 온도가 낮으면 웨이브가 약해지고 탄력이 떨어진다.

아이론의 온도가 높으면 시간은 짧게, 모발의 수분은 적게, 모량은 많이 하여 아이론의 형태를 조절할 수 있다. 일반적으로 아이론의 온도는 140~180℃이다.

(3) 아이론의 회전

아이론의 회전수가 많으면 웨이브는 많아지며 크기는 작게 형성된다.

아이론의 회전수가 1회전 이하일 때는 In curl 정도에 안 바름 컬이 형성되며 1회전반 일 때는 C curl이 형성된다.

2회전일 때는 강한 C curl이 또는 O curl이 형성되며 2회전 이상일 때는 웨이브 형태가 만들어지며 2회전 이상의 회전 수가 많으며 S컬의 반복이 이루어진다.

(4) 아이론 시술 시 잡는 모양

다른 요인들이 동일한 조건하에서 모량과 웨이브의 탄력은 반비례한다.

모량이 적을수록 웨이브의 탄력은 강해지며 크기는 작아진다. 또한 모량이 많을수록 웨이브의 탄력은 약해지며 크기는 크게 형성된다.

(5) 모발에 열을 가하는 시간

다른 요인들이 동일한 조건하에 모발에 열을 가하는 시간이 길어지면 웨이브의 탄력은 강해지며 웨이브의 크기는 작아진다.

반대로 열을 가하는 시간이 짧을수록 탄력은 약해지며, 웨이브의 크기는 크게 형성된다.

모발의 상태에 따라 높은 온도에서는 시간을 짧게, 낮은 온도에서는 시간을 길게 조절하여 모발 보호에도 도움을 준다.

아이론 퍼머넌트 시술은(스트레이트 포함) 건강모발은 높은 온도에서 모발에 열을 가하는 시간은 짧게, 손상모발은 낮은 온도에서 천천히 작업하는 것이 좋다.

4) 아이론의 종류와 스타일링

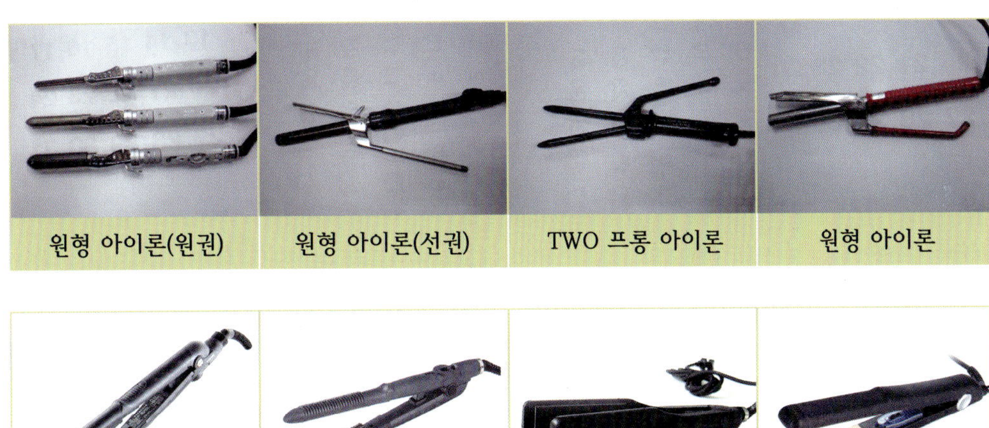

원형 아이론(원권)	원형 아이론(선권)	TWO 프롱 아이론	원형 아이론
삼각 아이론	반원 아이론	플랫(대) 아이론	플랫(소) 아이론

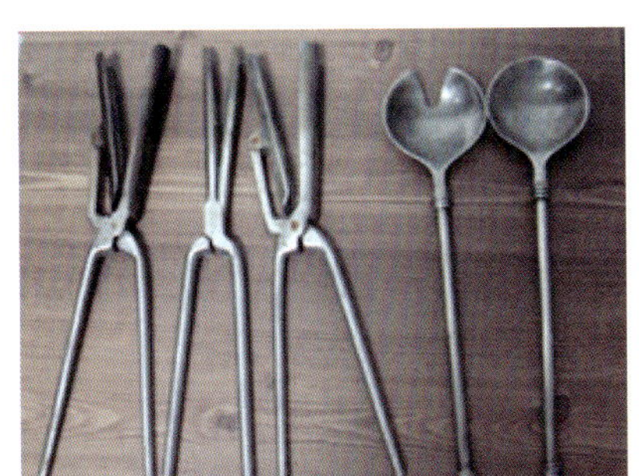

마셀 아이론(Marcel iron)

마셀그라또(Marcel Grateau)가 창안하여 마셀 아이론이라고 한다. 불에 달구어 사용하며 적정 온도는 120~140℃이다.

2in1 아이론

매직기와 컬링고데기가 하나로 합쳐진
투인원의 실용적인 제품이다.

휴대용 아이론

건전지를 이용하여 휴대하기 쉬운 제품으로 장소에 구애받지 않고 스타일을 연출할
수 있다.

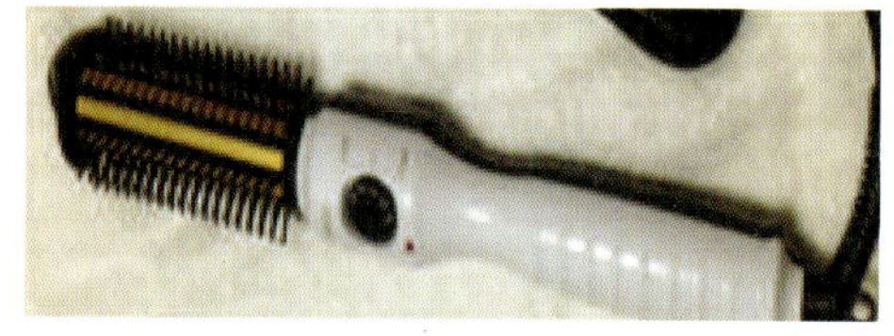

볼륨 브러시 아이론

브러시로 모발을 정돈하고 원형의 봉에
열을 이용하여 웨이브를 형성한다.

플랫아이론 & 매직기

컬링아이론(봉 고데기)

3베렐 아이론(물결 고대기)

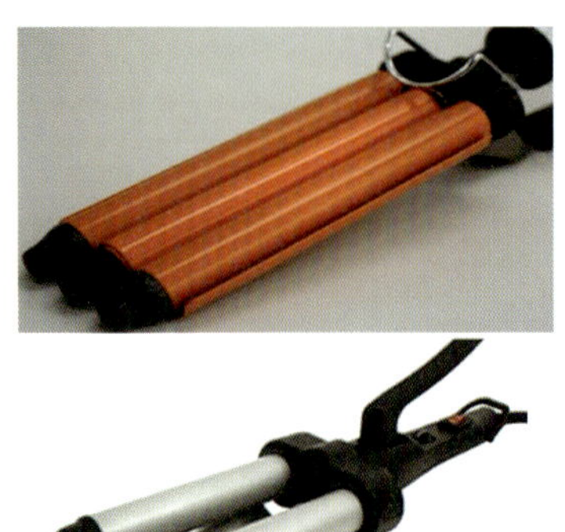

센서등
온도 설정
시간 설정
웨이브 방향 설정
세라믹 오토 컬 챔버

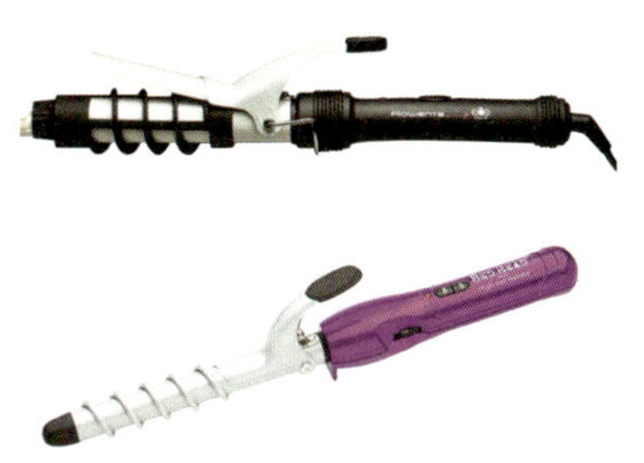

스피럴 나선형 아이론

다이렉트 아이론

인스타일러 로테이팅 아이론

매직과 컬링 모두 가능한 이이론이다. 고데기를 찝는 순간 봉이 돌아가게 되어 고데기를 내려주면 매직이 되고 봉에 헤어를 말아 돌리면 웨이브와 컬이 가능하다.

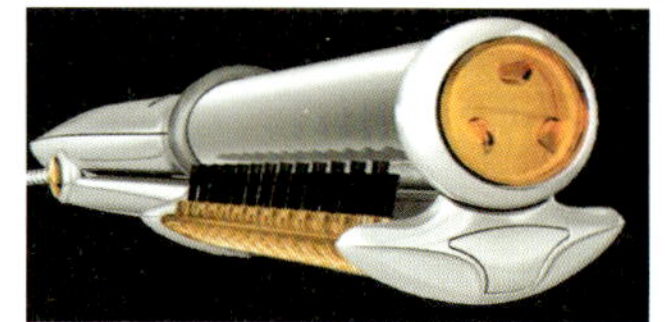

윈드 밤쉘 아이론 & 코니컬 봉 고데기

일반 아이론과 같지만 헤어 집게가 없는 것이 특징이다. 장점으로 아이론 자국이 남지 않는다. 하지만 열 차단 글러브를 사용하여 손으로 헤어를 말아 주어야 한다.

2. 블로 드라이

1) 블로 드라이(Blow Dry)

블로 드라이는 헤어 스타일링을 하기위한 테크닉으로 열과 바람을 이용하여 젖은 모발을 건조시키고 새로운 형태의 일시적인 변화를 위한 연출방법으로 퍼머, 커트, 염색시술만으로 부족한 형태를 보안하거나 새로운 형태의 웨이브라인을 만드는 작업이다.

젖은 모발은 적당히 건조시키고 브러시를 사용하여 외부 자극으로부터 손상된 모발에 텐션에 의한 모류의 윤기와 탄력을 부여하고 방향 설정, 볼륨감 등을 내는 것으로 헤어스타일의 완성도를 높이는 데 목적을 둔다.

헤어커트, 퍼머넌트, 스타일링의 3요소 중 스타일링을 위한 방법으로 중요한 부분을 차지하며 헤어스타일 연출을 위하여 반드시 필요한 기술이다.

스타일링의 완성도를 높이고 연출하고자 하는 이미지를 손쉽고 빠르게 윤기와 탄력 있는 웨이브 연출과 스트레이트 형태로 헤어스타일의 아름다움을 최대한 표현하는 연출방법이다.

2) 블로 드라이의 역사

프랑스인 헤어드레서 알렉상드르 고드프루아는 1890년대 자신의 미용실에 최초의 블로 드라이 헤어 드라이어를 설치하였다. 그의 드라이어는 굴뚝(가스레인지에 고정됨)에 부착된 보닛의 형태로 구성되었다.

헤어 드라이어는 고드프루아의 설계를 기반으로 빠르게 개선되었다.

1960년대 중반부터 급격히 보급된 미용 기술의 하나로서 프랑스에서 처음 사용되었다.

1970년대 롤카미용실 소유주인 모와누 부인에 의해서 brushing으로 특허를 내었고 CLC바르셀로나 대회에서는 아방가르드란 명칭으로 사용되었다. 같은 시기에 영국에서는 VIDAL SASSON에 의해 CUT & BLOW DRY라는 이름으로 젊은 여성들 사이에서 인기를 얻기 시작했다. 이러한 배경에는 여성들의 사회 진출이 적극적으로 이루어진 것에서 찾을 수 있는데 쉽고 빠른 머리 손질과 자연스러운 분위기와 종전의 복잡한 방법들의 스타일링에 비해 간편하면서도 자연스러운 또한 시간 절약에 따른 경제적 이유가 가장 크게 작용했다고 할 수 있다.

우리나라에서는 1970년대에 일본을 통하여 드라이어가 도입되어 이전까지 사용한 화열식 아이론은 점점 사라지게 되며, 1980년대에 이르러 드라이어 사용이 일반 가정에까지 확산되어 보편적인 미용기구의 하나로 자리 잡게 된다.

3) 블로 드라이어의 목적

- 모발의 결을 정리하고 모발에 윤기를 준다.
- 모근에 볼륨을 형성하여 모발을 풍성하게 만든다.
- 원하는 방향으로 모발의 흐름을 바꾸어 줄 수 있다.
- 모발을 원하는 형태로 웨이브를 강하게 또는 약하게 만들 수 있다.

4) 블로 드라이의 원리

모발이 물에 젖으면 수축되는 것은 모발의 수소 결합(내부의 강한 사이드 결합)이 물에 의해서 절단되기 때문이다. 그래서 이 결합을 재결합시키기 위해서는 수분을 증발시키면 되는 것이다. 블로 드라이는 이 원리에 따라서 머리를 말려가면서 브러시로 형태를 만들고 물로 인해 잘려진 수소결합을 연결시킨다. 그러나 머리가 건조해서 수소 결합이 단단히 연결된 상태에서는 블로 드라이는 전혀 형이 잡히지 않는다. 약간 수분기가 있는 모발의 수소 결합이 끊어져 있는 상태에서의 블로 드라이가 적합하다.

> **▶ 수소 결합**
>
> 측쇄의 산소와 수소가 잡아당기는 결합을 이루고 있다. 전자를 얻어야만 안정적인 상태가 되는 수소가 수분에 의해 결합이 끊어졌다가 그 수분이 건조되어 없어짐으로써 결합이 생기는 원리를 말한다. 수소 결합은 약한 결합이지만 그 수가 많아 전체적인 힘이 크다. 즉, 수분이 들어가 수소 결합이 끊어지고 롤이 들어가서 원하는 모양을 만들고 찬바람이나 뜸을 들여서 끊어진 컬들이 고정되어 모양이 만들어진다.

5) 블로 드라이의 주의사항

① 블로 드라이어 사용 전에 모발의 이물질 제거를 위하여 샴푸를 한다.

② 모발의 물기를 타월로 톡톡 두드려 말리고, 드라이어를 사용할 때는 빠른 동작으로 모발을 들어 올려가며 머리 안쪽부터 물기를 제거하며, 드라이어와 모발의 거리는 3~4cm, 15~20cm를 유지하는 것이 좋다.

③ 모발에 적당한 습도(10~15%)를 유지한다.

수분이 많으면 쉽게 늘어져 원하는 스타일을 나타내기 어렵고 드라이 바람을 과하게 받게 되므로 모발이 손상되기 쉽다. 또한 수분이 부족하여 모발이 건조하면 컬이 잘 걸리지 않고 윤기가 나지 않아 모발이 부스스하여 지저분하게 보인다.(드라이하기에 가장 적당한 수분은 손으로 만졌을 때 물기가 배어 나오지 않을 정도의 촉촉한 상태이다.)

④ 드라이의 온도는 70~90℃를 유지한다.

⑤ 브러시로 형태를 고정할 때는 드라이어 노즐과 모발의 거리를 0.5~1cm 간격을 두고 시술한다.

⑥ 드라이어의 노즐에서 나오는 바람이 고객의 두피, 얼굴, 목으로 직접 향하지 않도록 한다.

⑦ 모발에 드라이어의 노즐을 밀착시키지 않는다.

⑧ 한곳에 드라이어를 고정하여 뜨거운 바람을 주지 않는다.

⑨ 스템의 각도(모발 위치에 따라 다른 각도 사용)와 방향에 주의한다.

(스템의 방향은 모발의 움직임을 좌우하고 두피와 모발이 이루는 각도는 볼륨을 좌우한다.)

⑨ 방향을 전환하거나 형태를 고정하고자 할 때 속도을 천천히 한다.

⑩ 모발의 윤기를 원할 때는 일정한 텐션이 필요하며 텐션 있는 브러시를 사용한다.

6) 드라이 시술에 필요한 도구들

(1) 핸드 드라이어

시술자가 손으로 잡고 사용하는 드라이 기기를 말한다. 컬을 만들 때 젖은 모발을 빠른 시간에 건조하거나 헤어스타일을 완성하는데 필요한 바람을 조절할 수 있도록 되어 있어 스타일을 연출하는 데 가장 필수적인 도구지만 과도한 사용은 모발을 손상시킬 수 있다.

▶ 각부 명칭

① 노즐(Nozzle) : 출구에 끼어 사용하며 드라이어 바람이 모아져 원하는 방향으로 갈 수 있도록 되어 있다.

② 보디(Boddy) : 드라이어의 몸통 부위, 안쪽에 열선(니크롬선)이 있어서 열을 만드는 역할을 하는 부위의 외부

③ 스몰 팬(Small Fan) : 작은 프로펠러, 모터에 의해 바람 만드는 역할

④ 콘트롤러(Controller) : 열풍, 온풍, 냉풍의 바람 조절 장치, 핸들에 부착

⑤ 핸들(Handle=Grip) : 드라이어의 손잡이 부위

⑥ 디퓨져(Diffuser) : 커다란 원통의 노즐에 조그만 구멍을 내어 자연스러운 바람이 나와 스타일 자체가 헝클어지지 않도록 하는데 쓰는 드라이어의 부속 부품. 컬이 있는 모발에 사용하고, 펌 웨이브 컬을 그대로 유지하면서 자연스럽고 풍성한 볼륨감을 줄 수 있으며, 모발 표면의 지나친 건조를 방지한다. 손으로 주먹을 쥐었다 펴는 방식(Scrunch Drying)을 되풀이하면서 모근부분만 건조시킨다.

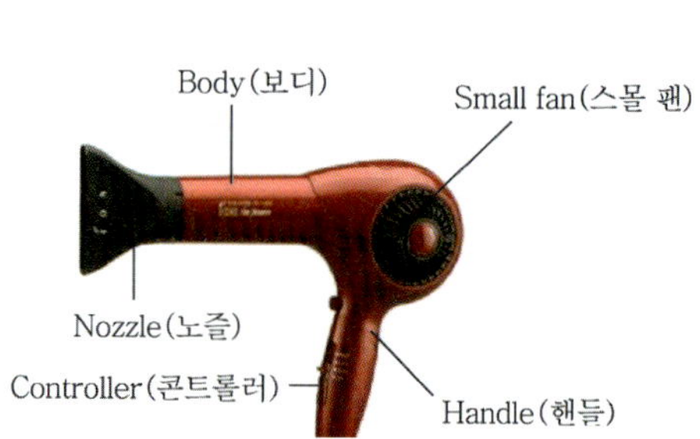

드라이어 명칭

(2) 드라이어의 종류

에센스 드라이어

드라이어 속에 에센스를 넣어서 사용하는 것으로 모발을 말릴 때 바람과 함께 에센스가 나와 따로 에센스를 바를 필요 없이 사용이 가능하다.

코드정리 드라이어

코드정리 통이 부착되어 있어 보관이 용이하고 여행 갈 때 간편하게 사용할 수 있는 장점이 있다.

볼륨 브러시드라이어

모발을 건조시키면서 동시에 스타일링을 할 수 있는 장점이 있다.

집중미니드라이어

모발 한곳을 집중적으로 스타일링이 가능한 드라이어로 바람을 한곳에 집중하여 주기 때문에 브러시를 이용하여 사용한다.

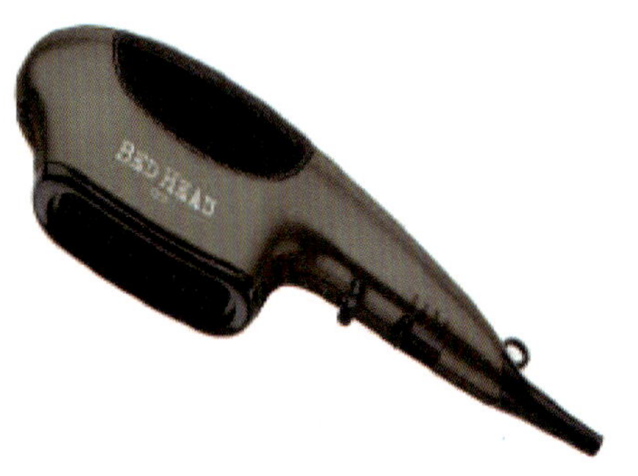

스트레이트 브러시 드라이어

노즐 끝에 브러시를 연결하여 열풍과 함께 브러시로 모발을 스트레이트 할 수 있도록 만들어진 아이디어 상품이다.

레밍턴 에어 웨이브 드라이어

원통형의 노즐을 연결하여 노즐 사이에 모발을 끼우고 천천히 통과시키면 모발을
건조시키는 동시에 웨이브도 함께 스타일링할 수 있는 제품이다.

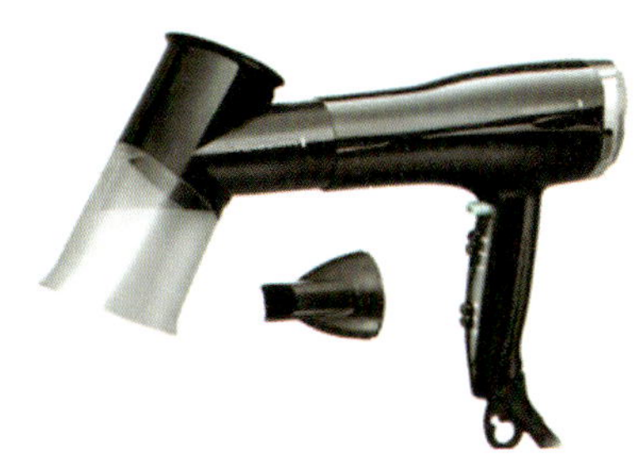

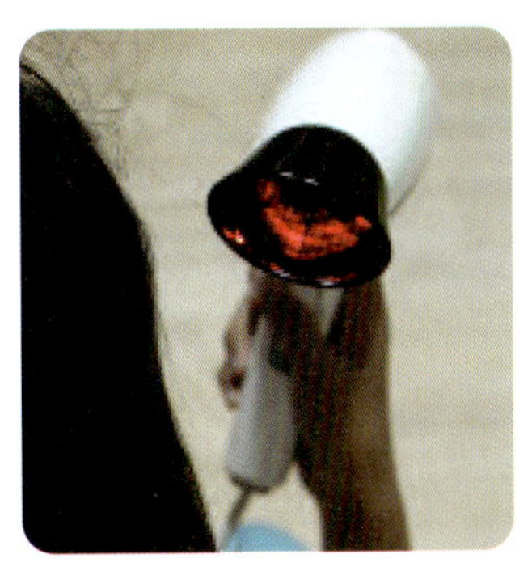

적외선 램프 드라이어

붉은색의 빛이 열을 발생시켜 두피의 혈액순환
을 촉진시키며, 두피에 도포한 스캘프 트리트먼
트, 모발 트리트먼트의 흡수를 돕는다.

디퓨쳐

균일한 바람의 세기로 컬을 유지하면서 모
발에 볼륨을 주고자 할 때 사용하는 것으로
자연스러운 웨이브가 들어간 헤어를 연출할
때 사용하는 제품이다.

(3) 브러시

브러시는 드라이 시술에서 가장 많이 사용되는 도구의 하나로 크기는 모발의 길이에 따라 대, 중, 소로 나뉜다. 헤어스타일의 표현방법에 따라 재질이나 형태가 다른 브러시를 선택하여 사용한다.

라운드 브러시(Round Brush, Round Roll Brush)

모발에 볼륨, 웨이브, 유연함을 주기 위해 사용한다. 크기에 따라 대, 중, 소로 나누고, 아래의 소재에 따라 질감이 다르다.

- 천연재질(돈모)

  텐션이 있어 강한 웨이브 모발에 사용하며, 윤기가 있는 매끄러운 모발을 만들 수 있으나 브러시가 촘촘하여 작업이 더디고 힘이 들어간다.

- 가시돈모

  돈모의 장점을 이용하고 단점을 보안하기 위하여 돈모 사이에 나일론 소재의 가시를 넣어 작업이 용이하게 만들었다. 웨이브 모발에 사용되며 매끄럽고 볼륨 있는 연출이 가능하다.

- 나일론(plastic) 재질(가시모)

  직모 모발에 사용, 많은 양의 모발을 잡고 시술할 수 있어 시술시간 단축, 볼륨 형성은 가능하나 윤기력이 떨어지고 정전기가 발생하며 모발이 잘 엉키는 것이 단점이다.

- 금속성(metal) 재질

  드라이어의 열을 오래 유지하고, 시술 시간이 단축되지만, 모발 손상과 건조의 우려가 있다.

덴멘브러시(Denman Brush)

방향이나 볼륨 약한 웨이브 연출을 위한 용도로
적합하다.

스켈톤 브러시(Skeleton Brush, Vent Brush)

갈비뼈 모양으로 몸통에 구멍이 나 있는 브러시로,
모발을 건조시킴과 동시에 모근에 볼륨감을 형성
하는 데 좋다. 남성 스타일이나 쇼트 스타일에 사
용한다.

유러피언 브러시

열전도가 빠른 알루미늄으로 되어 있어 드라이
어로 웨이브를 만들 때 용이하여 S컬을 만드는
데 사용한다.

쿠션 브러시

브러시의 보디 부분이 고무판으로 되어 있어 부드
러운 스타일을 완성하기에 적합하다.

3. 헤어 컬링(Hair Curling)

컬이란 한 묶음의 두발이 소용돌이 모양으로 말린 형태를 말한다.
곱슬곱슬하게 하다, 고리 모양으로 하다, ~을 뒤틀다, 비틀다, 꼬다의 의미가 있다.
모발에 도구를 이용하여 원형의 형태로 만들어 볼륨과 모발 끝에 움직임을 주어 헤어스타일(hair style)에 변화를 주는 것을 말한다.

1) 컬의 목적

웨이브를 만들기 위하여 두발에 C컬(clock wise windcurl) & CC컬(counter clock wise curl)의 형태를 만든다.
볼륨을 만들기 위하여 두발에 원형, 1/2, 1/4, 형태의 컬을 만든다.
플러프(두발 끝의 변화와 움직임)를 만들기 위하여 in/out의 형태를 만든다.

2) 컬의 명칭

루프(Loop)
⋯→ 원형으로 말려진 둥근 부분

베이스(Base)
⋯→ 컬을 만들기 위한 머리단의 시작점으로 스트랜드의 근원

피벗포인트(Pivot point)
⋯→ 컬이 말리기 시작한 지점

컬 스템(Curl stem)
⋯→ 베이스에서 피벗포인트까지 루프의 생성 전 단계

컬의 명칭
⋯→

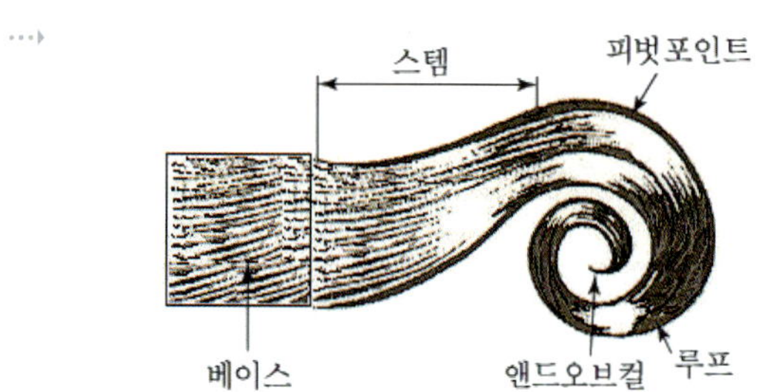

3) 컬이 말린 각도에 의한 분류

스탠드 업 컬(stand up curl)

⋯⋗ 두피에 90°로 세워진 컬을 말하며 볼륨 형성을 위한 컬이다.

리프트 컬(lift curl)

⋯⋗ 두피에 루프가 45° 세워진 컬을 말한다.

플랫 컬(flat curl)

⋯⋗ 두피에 루프가 0°로 납작하게 되어 있는 컬을 말한다.

〈 플랫 컬의 종류 〉

✽ 스컬프처 컬 : 두발 끝이 컬의 중심이 되는 컬이다.

✽ 메이폴 컬(핀컬) : 두피 쪽에서부터 컬을 말아 두발 끝이 컬의 바깥쪽으로 되는 컬이다.

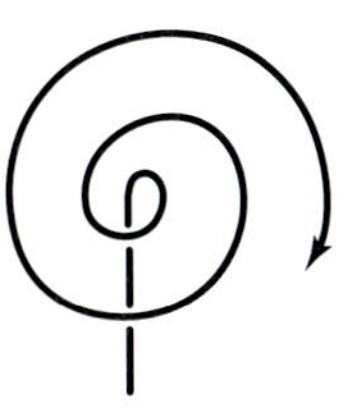
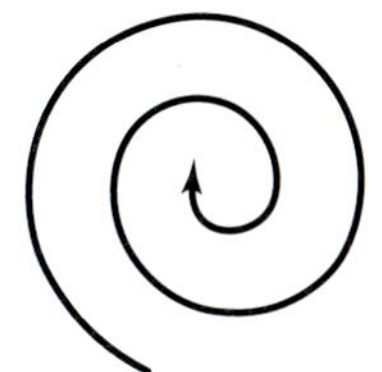

메이폴 컬(핀컬)　　　　　스컬프처 컬

4) 컬이 말린 방향에 의한 분류

포워드 컬(forward curl)

⋯⋗ 귓바퀴 방향으로 말린 컬

리버스(reverse curl)

⋯⋗ 귓바퀴 반대방향으로 말린 컬

C컬(clock wise wind curl)

⋯⋗ 시계방향으로 오른쪽 말기

CC컬(counter clock wise curl)

⋯⋗ 시계 반대방향으로 왼쪽 말기

5) 컬의 구성요소

(1) 헤어 셰이핑(hair shaping)

'두발의 결(흐름)을 갖추다, 모양을 만들다'라는 의미로 헤어스타일을 고려해서 머리의 흐름을 가지런히 하여 업셰이프(upshape)하거나 다운셰이프(downshape)하여 빗질하는 것을 말한다.

(2) 스템의(stem) 방향

스템의 방향은 수직선(Verticle), 수평선(Horizontal), 대각선(Diagonal)으로 구분되며 방향에 따라 컬의 효과가 달라진다. 또한 두피와의 각도에 따라 볼륨의 형성 정도가 달라지며 스템과 셔클의 관계에서 컬의 움직임과 지속성이 달라진다.

▶ 컬의 움직임 변화에 따른 기본 스템 3가지 유형은 다음과 같다.

풀 스템(full stem)
⋯ 베이스에서 피봇 포인트까지 길이가 여유가 생겨 볼륨이 낮다.

하프 스템(half stem)
⋯ 풀 스템의 반 정도의 베이스로부터 서클까지 여유가 있고 중간 정도의 볼륨을 유지한다.

논 스템(non stem)
⋯ 베이스에 가장 근접하게 루프가 만들어지므로 가장 탄력 있고 볼륨이 높게 형성된다.

업 스템(up stem)
⋯ 위로 향한 스템을 말하며 볼륨이 형성된다.

다운 스템(down stem)
⋯ 아래로 향한 스템을 말하며 볼륨이 형성되지 않는다.

(3) 슬라이싱(slicing)

컬링을 하기 위하여 갈라 잡는 두발의 양을 말하며 로드의 크기에 따라 더하거나 줄일 수 있다. 루프 직경의 크기와 슬라이싱 양은 비례한다.

(4) 텐션(Tension)

텐션이란 컬을 말 때에 들어가는 힘의 정도를 말하며 '긴장력'이라고 한다. 적당한 텐션은 컬의 탄력성과 지속력이 있으나 지나친 텐션은 탄력성을 잃어 모발손상의 원인이 되기도 한다.

(5) 루프(loop)의 크기

컬의 크기는 루프의 크기에 비례하며 컬의 움직임이 조밀하거나 큰 웨이브가 만들어지기도 한다.

(6) 베이스(Base) 종류

스퀘어 베이스(square base)

⋯⟩ 정방형 베이스로 방향에 관계없이 동일하게 웨이브가 형성된다.
평균적인 컬이나 웨이브를 만들 때에 적당하다.

오블롱 베이스(oblong base)

⋯⟩ 장방형 베이스로 폭이 좁고 길이가 길어서 두상의 곡면에 사용되며 측두부에 많이 사용한다.

트라이앵글 베이스(triangular base)

⋯⟩ 삼각형 베이스로 두발이 갈라지는 것을 방지하기 위하여 사용한다.

아크 베이스(arc base)

⋯⟩ 후두부에 회오리 모양의 큰 웨이브를 만들 때 사용한다.

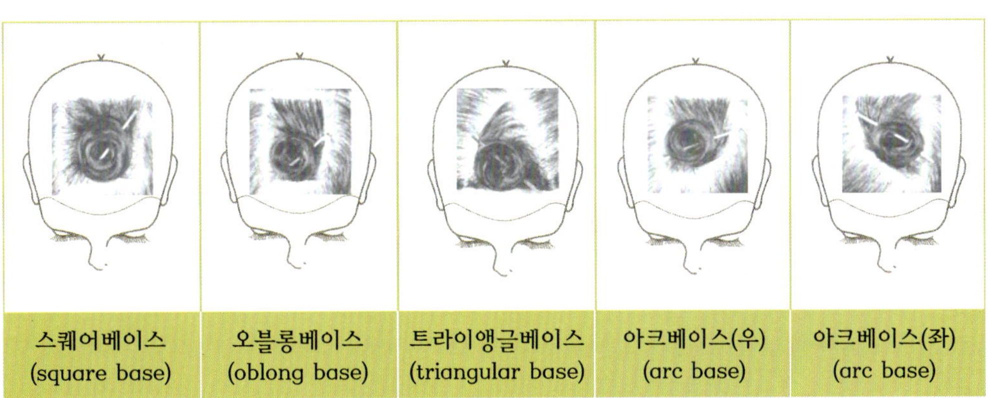

스퀘어베이스 (square base)	오블롱베이스 (oblong base)	트라이앵글베이스 (triangular base)	아크베이스(우) (arc base)	아크베이스(좌) (arc base)

(7) 두발 끝의 취급방법

모근에서 와인딩이 시작되는 경우와 모발 끝에서 와인딩이 시작되는 경우에 따라 모발 끝의 컬이 달라진다.

모근에서부터 와인딩할 때에 모발 끝에 컬의 형성은 모근 쪽보다 느슨하여 컬이 커지고 탄력이 떨어진다.

또한 모발 끝에서부터 와인딩을 시작할 때에는 모발 끝의 컬이 더 강하고 탄력이 있으며 모근으로 갈수록 탄력이 떨어지고 컬이 커진다.

4. 헤어 웨이빙(Hair Waving)

컬의 연속성을 말하며 물결모양으로 S자 형의 연결을 말한다.

웨이브를 만드는 방법으로는 컬 웨이브(curl wave) 핑거웨이브(finger wave) 아이론 웨이브(iron wave) 등이 있다.

1) 웨이브를 만드는 방법

(1) 컬 웨이브(curl wave)

롤(roll) & 로드(rod)의 도구를 이용하여 만드는 웨이브를 말한다.

(2) 핑거 웨이브(finger wave)

세트 로션 또는 세트 젤을 이용하여 수분이 있는 두발에 빗과 손가락을 이용하여 만들어진 웨이브를 말한다.

(3) 아이론 웨이브(iron wave)

다양한 형태의 아이론의 열을 이용하여 만들어진 웨이브를 말한다.

2) 웨이브의 각부 명칭

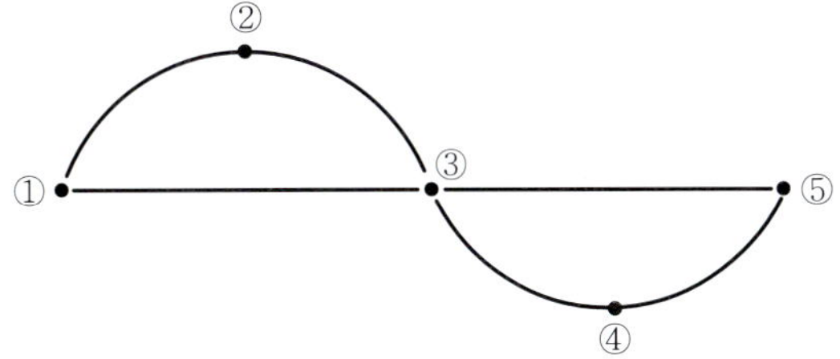

① 시작점(beginning)
② 정점(crest)
③ 융기점(ridge)
④ 골(trough)
⑤ 끝점(ending)

3) 웨이브 형상에 따른 분류

섀도 웨이브(shadow wave)

정점과 융기점이 뚜렷하지 못하고 탄력이 떨어진 느슨한 웨이브를 말한다.

내로 웨이브(narrow wave)

웨이브의 폭이 좁고 웨이브가 많아 곱슬곱슬하게 된 퍼머넌트의 두발에 나타나는 웨이브를 말한다.

와이드 웨이브(wide wave)

정점과 융기점이 뚜렷하고 탄력 있는 웨이브를 말한다.

프리츠 웨이브(frizz wave)

모발끝 쪽의 웨이브가 강하고 모근 쪽으로 갈수록 웨이브가 느슨한 상태를 말한다.

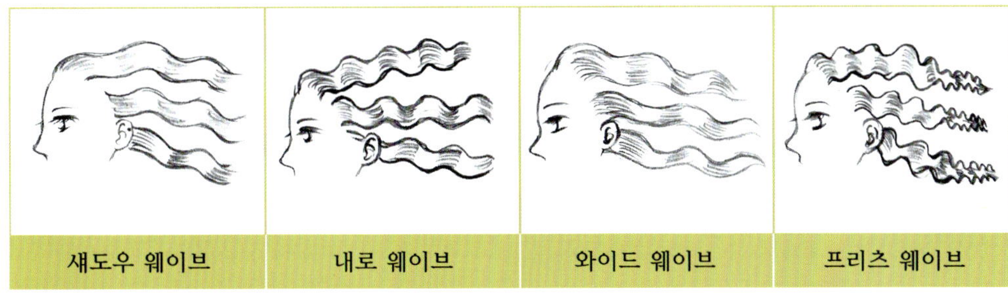

섀도우 웨이브	내로 웨이브	와이드 웨이브	프리츠 웨이브

4) 웨이브의 방향에 따른 분류

호리존틀 웨이브(horizontal wave)

웨이브의 흐름에 방향이 아래로 되어 있으며 융기점은 수평으로 되어 있다.

버티컬 웨이브(vertical wave)

웨이브의 흐름에 방향이 뒤로 되어 있으며 융기점은 수직으로 되어 있다.

다이애거널 웨이브(diagonal wave)

웨이브의 흐름에 방향이 비스듬하게 되어 있으며 융기점은 사선으로 되어 있다.

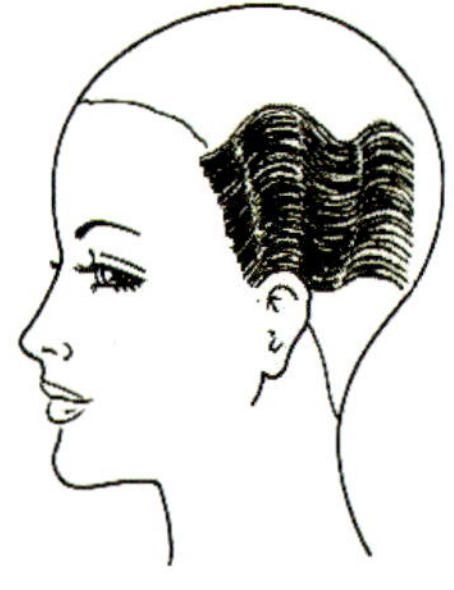 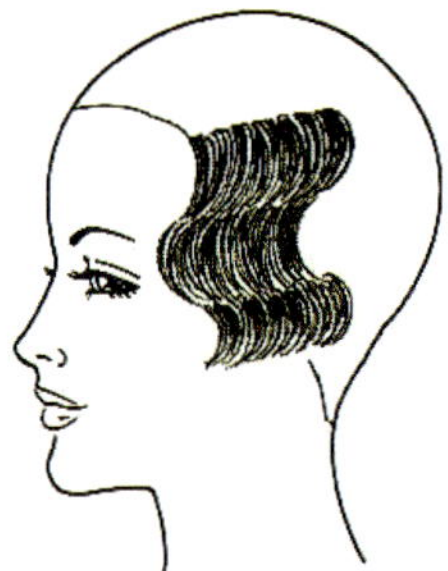 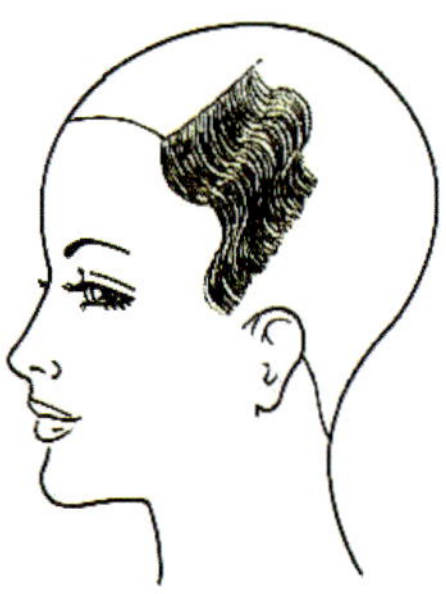

| 버티컬 웨이브 | 호리존틀 웨이브 | 다이애거널 웨이브 |

5. 롤러 세팅(Roller Setting)

롤러의 형태는 원통형과 원뿔형이 있으며 원통형이 일반적으로 사용되고 있다. 원통형은 컬을 만들기 위한 목적으로 사용되고 원뿔형은 둥근 두상의 형태에 맞추어 디자인할 수 있도록 만들어진 것이다.

1) 롤러 세팅 종류

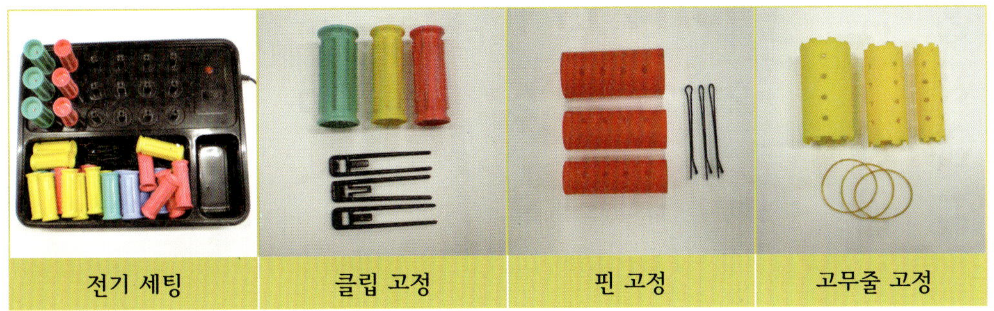

| 전기 세팅 | 클립 고정 | 핀 고정 | 고무줄 고정 |

2) 롤러 섹션의 방법

(1) 롤러 섹션의 크기

롤러의 원주(둘레)와 지름의 크기에 따라 섹션의 크기가 달라지며 섹션의 형태는 롤러의 모양과 같게 한다.

(2) 롤러 섹션의 넓이

롤러 전체의 길이의 약 4/5 정도가 적합하다.

(3) 롤러섹션의 폭

롤러 섹션의 폭은 롤러의 지름길이 정도가 적합하다.

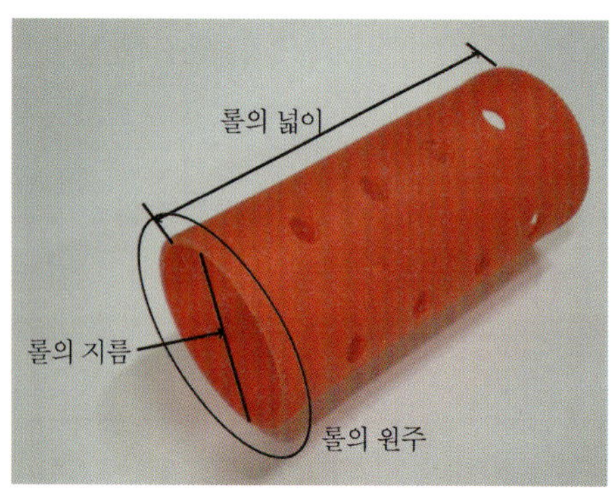

3) 롤러 컬의 형태

롤러 컬의 형태는 와인딩되는 롤의 회전수에 따라 컬의 형성정도가 달라진다.

- 1회전 이하일 때 : 두발 끝만 약간 휘어진 상태
- 2회전일 때 : C컬의 형태
- 2회전 이상일 때 : 웨이브 형성

4) 롤러 컬의 시술 각도

논스템 롤러 컬(non stem roller curl)

두피에 대한 전방 45°, 후방 135° 시술각을 이용하여 롤러에 감겨있는 상태를 말하며 볼륨이 가장 크다.

하프 스템 롤러 컬(half stem roller curl)

두피에 대한 90° 시술각을 이용하여 롤러에 감겨있는 상태를 말하며 안정된 볼륨을 형성하게 된다.

롱스템 롤러 컬(long stem roller curl)

두피에 대한 후방 45° 시술각을 이용하여 롤러에 감겨있는 상태를 말하며 볼륨이 가장 적다.

<table>
<tr><td align="center">논스템 롤러 컬
(non stem roller curl)</td><td align="center">하프 스템 롤러 컬
(half stem roller curl)</td><td align="center">롱스템 롤러 컬
(long stem roller curl)</td></tr>
</table>

5) 롤 세팅 시술 방법

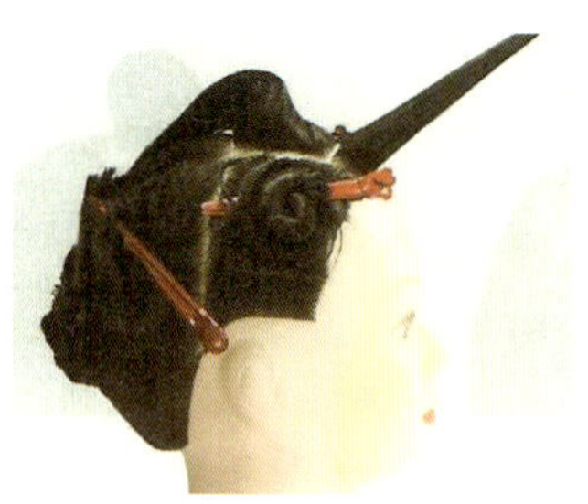

❶ 전방 45°(후방135)에서 셰이핑한다.

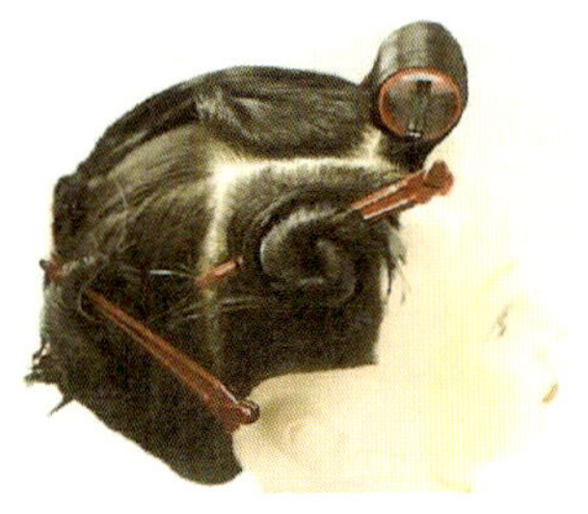

❷ 논스템 롤러 컬이 완성된 모습

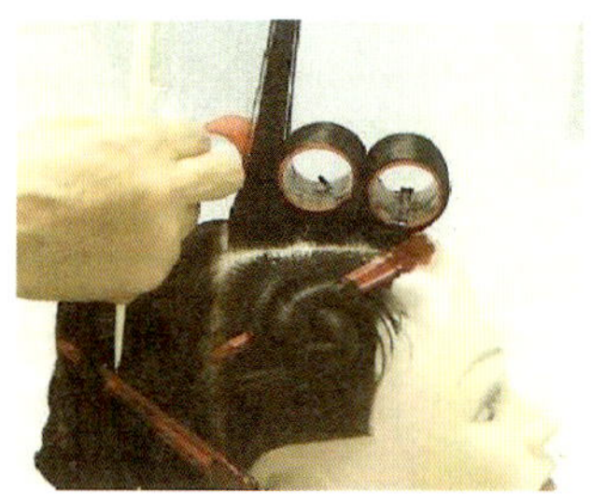

❸ 롤이 들어가야 할 부분을 확인하여 위치에서
   벗어나지 않도록 한다.

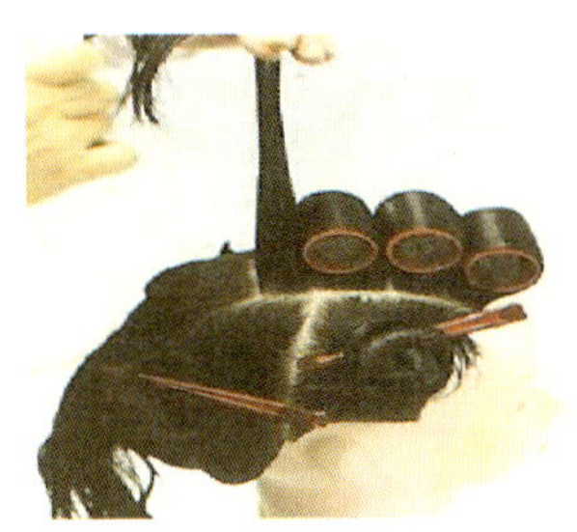

❹ 차례로 진행하며 시술 각도에 유의하여 롤의
위치가 밀리지 않도록 셰이핑한다.

❺ 롤(대) 6EA 완성된 모습. 빗 끝으로 깨끗하
게 마무리한다.

❻ 롤(중) 3EA 완성된 모습

❼ 셰이핑 각도와 와인딩 각도가 같도록 한다.

❽ 오른쪽 백사이드를 시작한다. 텐션과 각도를 정확하게 유지해야 한다.

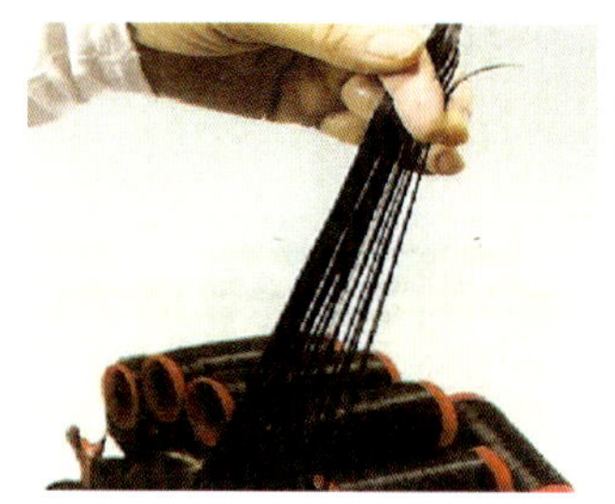

❾ 왼쪽 백사이드를 진행한다. 각도는 전방 45° 이다.

❿ 롤(대)를 완성시키는 모습

⓫ 왼쪽 사이드를 시작한다. 각도에 유의한다.

⓬ 오른쪽 백사이드의 롤(대)과 연결되어 있는
지 확인한다.

▮▮▮▮▮ 완성 작품

‹‹‹ Front 완성

Right Side 완성 ›››

‹‹‹ Left Side 완성

Back 완성 ›››

6. 핑거 웨이브

핑거 웨이브는 세트 로션을 젖은 모발에 바르고 손가락과 빗을 사용하여 웨이브를
만드는 것을 말한다.
빠른 속도로 웨이브를 만드는 장점이 있으나 탄력성은 다소 약하다.
빗과 손가락을 이용하여 C-curl과 CC-curl의 연결동작으로 웨이브의 흐름을
이해하는 미용의 기초 테크닉이다.

1) 핑거 웨이브의 3대 요소

크레스트(crest) 정점

리지(ridge) 기점

트로프(trough) 골

2) 핑거 웨이브의 방향

(1) 비기닝(beginning)

웨이브의 흐름을 나타내는 방향을 설정하기 위한 첫 단계를 '비기닝'이라고 하며
포워드(forward) 방향과 리버스(reverse) 방향으로 나눈다.

(2) 엔딩(ending)

웨이브의 끝맺음을 말하며 핀 컬이나 웨이브로 마무리하는 과정을 말한다.
방향으로는 포워드 엔딩(forward ending), 리버스 엔딩(reverse ending), 얼터
네이트 엔딩(alternate ending) 으로 나눈다.

포워드 엔딩(forward ending)
귓바퀴 방향으로 끝맺음하는 것을 말한다.

리버스 엔딩(reverse ending)
귓바퀴 반대방향으로 끝맺음하는 것을 말한다.

얼터네이트 엔딩(alternate ending)
서로 다른 방향으로 으로 끝맺음하는 것을 말한다.

3) 핑거 웨이브의 종류

(1) 레프트 다이애거널 웨이브(left diagonal wave)
두부의 왼쪽을 사선으로 웨이브한 것이다.

(2) 라이트 다이애거널 웨이브(right diagonal wave)
두부의 오른쪽을 사선으로 웨이브한 것이다.

(3) 올 웨이브(all wave)
가르마가 없이 두부 전체를 수평으로 웨이브한 것이다.

(4) 덜 웨이브(dull wave)
리지가 뚜렷하지 않고 느슨한 웨이브이다.

(5) 로 웨이브(low wave)
리지가 낮은 웨이브이다.

(6) 하이 웨이브(high wave)
리지가 높은 웨이브이다.

(7) 스윙 웨이브(swing wave)
큰 움직임을 보는 듯한 웨이브이다.

(8) 스월 웨이브(swirl wave)
물결이 소용돌이 치는 것과 같은 형태의 웨이브이다.

4) 핑거 웨이브 및 핀컬 시술 방법

(가운데 가르마형)

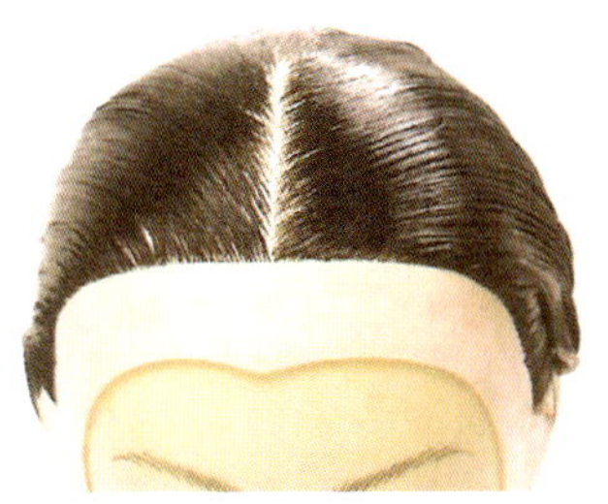

❶ 앞가르마를 센터포인트에서 7~8cm 정도로 하여 앞가르마를 셰이핑한다.

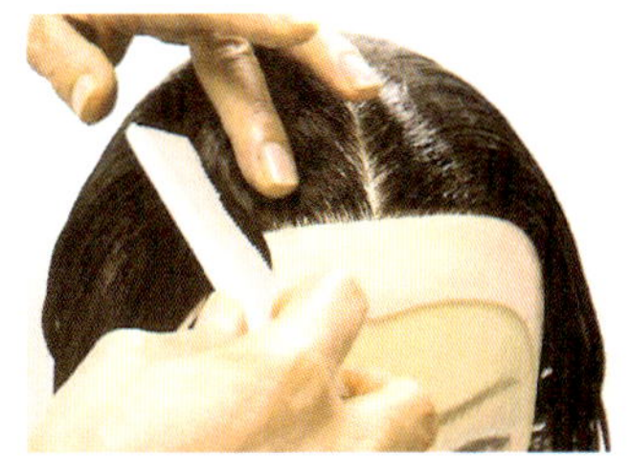

❷ 뱅이 센터포인트에서 2.5cm 정도에 안착되도록 빗질한다.

❸ 뱅의 위치와 크기를 조화롭게 한다.

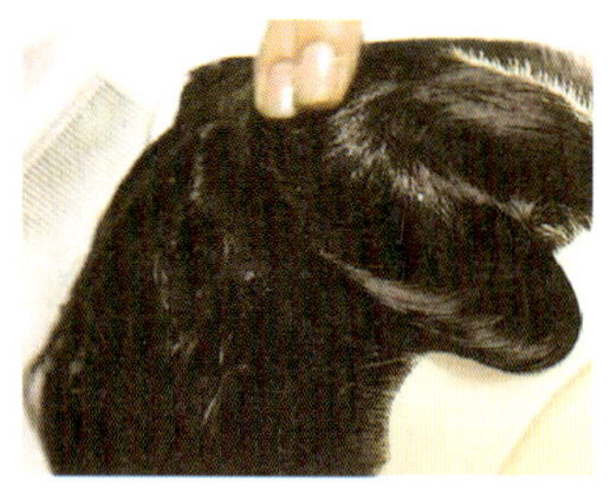

❹ 계속 간격을 유지하며 리지를 만들어 나간다.

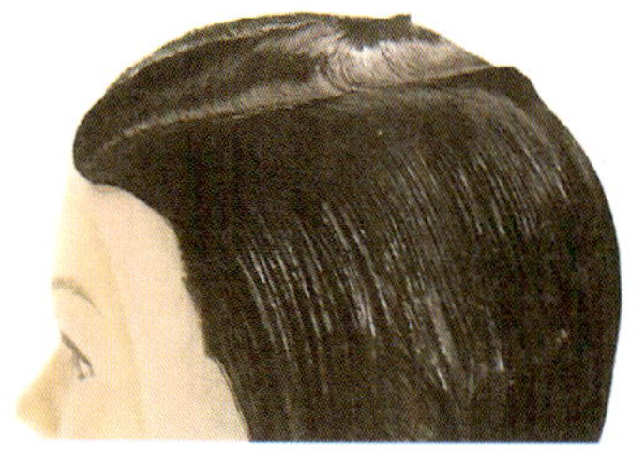

❺ 왼쪽 1번째 뱅이 만들어진 모습

❻ 웨이브 2단을 만들면서 오른쪽 2번째 뱅을 만들기 위해 진행한다.

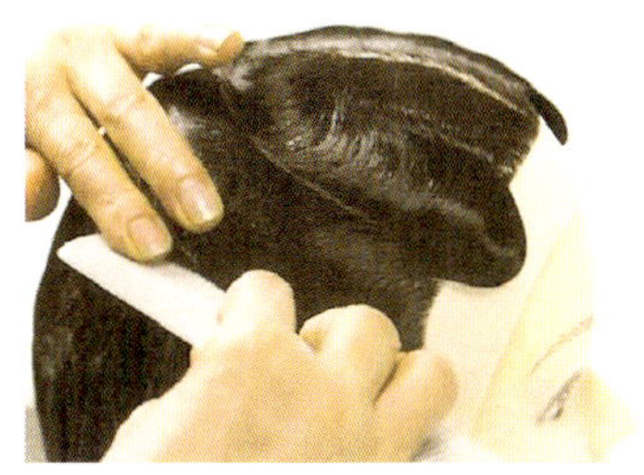

❼ 동일한 방법으로 진행한다.

❽ 오른쪽 2번째 뱅은 귀를 덮지 않도록 한다.

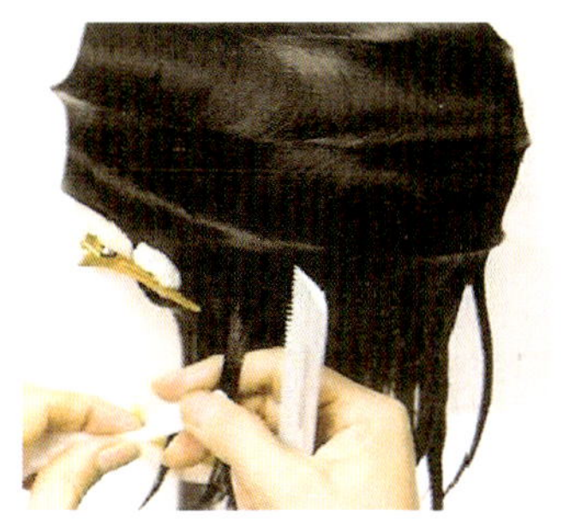

❾ 시계방향으로 C컬을 만들어 리지가 끝난 왼쪽부터 시작하여 핀은 컬의 중심에 45˚ 각도로 꽂는다.

⑩ 동일한 방법으로 상단 7EA를 완성한다.

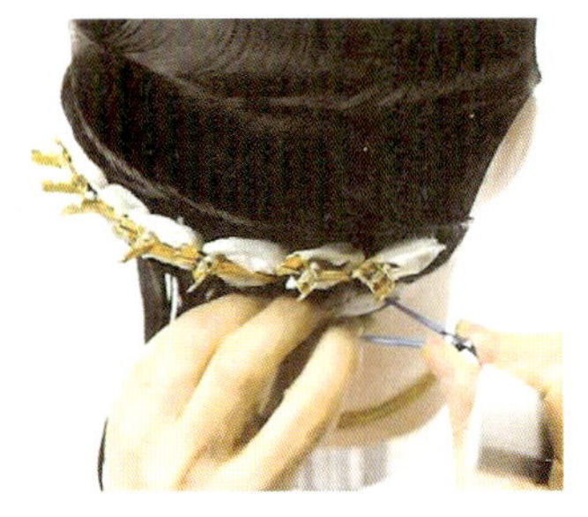

⑪ 하단은 시계반대방향으로 컬을 만들어 핀을 컬의 중심에 꽂는다.

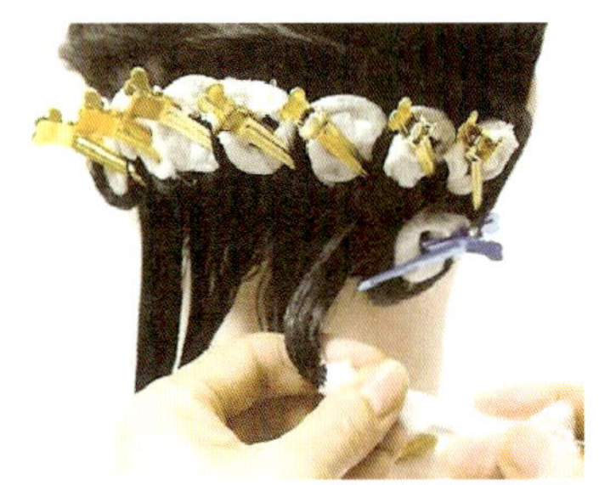

⑫ 2번째 컬도 동일한 방법으로 시계반대방향으로 돌려 핀을 컬의 중심에 45˚로 꽂는다.

▌▌▌▌▌ 완성 작품

←⋯ Front 완성

Right Side 완성 ⋯→

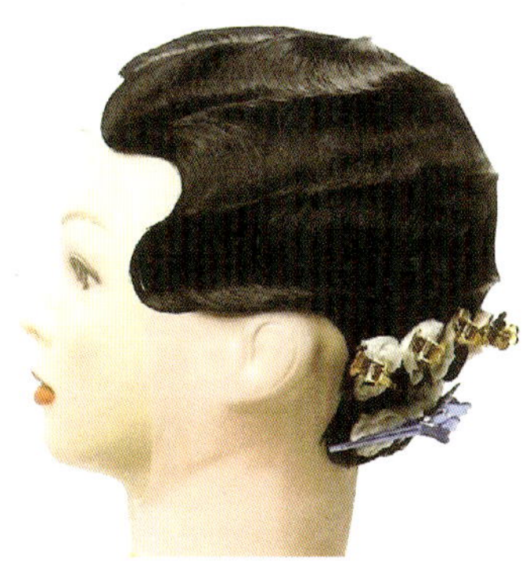

←⋯ Left Side 완성

Back 완성 ⋯→

Memo

MEMO

MEMO

문금순 (미용장기능장)

- 서경대학교 미용예술대학원 석사
- 미용기능장 자격증 취득
- 한국산업인력공단 미용사(일반) 실기시험 감독위원
- 한국산업인력공단 미용기능장 실기시험 감독위원
- 직업능력개발 훈련교사 2급 자격증 취득
- 컬러리스트기사 자격증 취득
- 두피관리 인증강사 자격증 취득
- 프랑스 파리 IVAN BEAUCHEMIN 커트 연수
- 창조 미용학원 원장
- 우리직업전문학교 학교장
- 헤어카페 우리미용실 원장
- 現 안산공과대학 겸임교수
- 現 소사미용직업전문학교 학교장

Hair Styling
아이론테크닉

발행일　2010년 3월 15일 초판 발행
　　　　2014년 3월 15일　1차 개정

저　자　문금순

발행인　정용수

발행처　 예문사

주　소
경기도 파주시 직지길 460(출판도시) 도서출판 예문사
TEL.(031)955-0550 / FAX.(031)955-0660

등록번호　제11-76호

정　가　20,000원

ISBN 978-89-274-0957-1　13590

이 도서의 국립중앙도서관 출판시도서목록(CIP)은 서지정보유통지원
시스템 홈페이지(http://seoji.nl.go.kr)와 국가자료공동목록시스템
(http://www.nl.go.kr/kolisnet)에서 이용하실 수 있습니다.
(CIP제어번호: CIP2014007802)